短视频学
Word
极简办公

文杰书院 编著

清华大学出版社
北京

内 容 简 介

本书以通俗易懂的语言、精挑细选的实用技巧、翔实生动的操作案例介绍了使用Word的办公技巧。本书的内容基于对办公室人员的实际调查结果，以真正满足办公人员的工作需要为出发点，介绍了输入与编辑文本、Word文档格式与排版、Word页面布局与打印，图文并茂排版文章，表格和图表的应用，编辑长文档与多文档，提取文档目录与添加注释，运用Word协同办公等方面的知识、技巧及应用案例。

本书内容丰富、图文并茂、可操作性强且便于查阅，适合文秘、行政、人力资源、广告、市场、公关、营销、财务、生产管理及教学工作者和公务员学习参考使用，也适合专业职场人士作为提升工作效率、管理和运营技能的参考用书，还可以作为社会培训机构、高等院校相关专业的教学配套教材或者学习参考用书。

本书封面贴有清华大学出版社防伪标签，无标签者不得销售。
版权所有，侵权必究。举报：010-62782989，beiqinquan@tup.tsinghua.edu.cn。

图书在版编目(CIP)数据

繁琐工作快上手：短视频学Word极简办公/文杰书院编著. —北京：清华大学出版社，2022.9
ISBN 978-7-302-61219-3

Ⅰ.①繁… Ⅱ.①文… Ⅲ.①文字处理系统 Ⅳ.①TP391.12

中国版本图书馆CIP数据核字(2022)第111292号

责任编辑：魏　莹
封面设计：李　坤
责任校对：吕丽娟
责任印制：朱雨萌

出版发行：清华大学出版社
网　　址：http://www.tup.com.cn, http://www.wqbook.com
地　　址：北京清华大学学研大厦A座　　　邮　编：100084
社 总 机：010-83470000　　　邮　购：010-62786544
投稿与读者服务：010-62776969, c-service@tup.tsinghua.edu.cn
质量反馈：010-62772015, zhiliang@tup.tsinghua.edu.cn

印 装 者：小森印刷霸州有限公司
经　　销：全国新华书店
开　　本：187mm×250mm　　印　张：11.75　　字　数：223千字
版　　次：2022年9月第1版　　　　　　印　次：2022年9月第1次印刷
定　　价：79.00元

产品编号：092640-01

前 言

Word 是微软办公软件套装 Office 的一个重要组成部分，是一款简单易学、功能强大的文本处理软件，广泛应用于各类机构日常办公中，在职场办公中发挥着不可或缺的作用。Word 作为一款常用的办公软件，具有操作简单和极易上手等特点，然而要想真正地熟练运用它来解决日常办公中遇到的各种问题却并非易事。为了满足广大读者的需要，我们针对日常办公和生活应用实际，总结了诸多 Word 应用高手的职场经验，精心编写了本书。

一、购买本书能学到什么

本书在编写过程中根据初学者的学习习惯，采用由浅入深、由易到难的方式讲解，为读者快速学习提供了一个全新的学习和实践操作平台，无论是基础知识的安排还是实践应用能力的训练，都充分地考虑了用户的需求，能快速让读者的理论知识与应用能力同步提高。全书结构清晰，内容丰富，主要包括以下 5 个方面的内容：

1. Word 入门操作

第 1 章介绍了在 Word 中输入与编辑文本的知识，包括快速输入文本、复制与移动文本、选择文本以及查找和替换的相关知识。

2. Word 排版与打印

第 2~4 章介绍了 Word 文档的格式与排版、Word 页面布局与打印，以及图文并茂排版文章等内容。

3. 应用表格、图表与提取目录

第 5~7 章全面介绍了表格和图表的应用、编辑长文档与多文档，以及提取文档目录与添加注释等内容。

4. 审阅文档与邮件合并

第 8 章介绍了运用 Word 协同办公，包括自动校对、添加批注、修订文档，以及 Word 邮件合并等内容。

二、如何获取本书的学习资源

为帮助读者高效、快捷地学习本书的知识点，我们不但为读者准备了与本书知识点有关的配套素材文件，而且还设计并制作了短视频教学精品课程，同时还为教师准备了 PPT 课件资源。

读者在学习本书的过程中，使用微信的扫一扫功能，扫描本书各标题左下角的二维码，在打开的视频播放页面中可以在线观看视频课程，也可以下载并保存到手机中离线观看。此外，本书配套学习素材和 PPT 课件可扫描下图中的二维码获取。

配套学习素材　　　　PPT 课件

  我们真切地希望读者在阅读本书之后，可以开阔视野，增长实践操作技能，并从中学习和总结操作的经验和规律，提高灵活运用的水平。鉴于编者水平有限，书中纰漏和考虑不周之处在所难免，热忱欢迎读者予以批评、指正，以便我们日后能为您编写更好的图书。

编　者

目 录

第 1 章 输入与编辑文本 1
1.1 快速输入文本 2
- 1.1.1 快速输入￥、$、€等货币符号 2
- 1.1.2 快速输入人民币大写金额 3
- 1.1.3 巧用替换法快速输入下划线 4
- 1.1.4 插入当前日期和时间 5
- 1.1.5 输入偏旁部首 7

1.2 复制与移动文本 8
- 1.2.1 以无格式方式复制网页信息 8
- 1.2.2 设置插入或粘贴图片的默认版式 9
- 1.2.3 将文本转换为图片 10
- 1.2.4 快速移动文本位置 12

1.3 选择文本 12
- 1.3.1 快速选择一行内容 12
- 1.3.2 快速选择整个段落 13
- 1.3.3 选择不连续的区域 14
- 1.3.4 让光标在段落间快速移动 15

1.4 查找和替换 15
- 1.4.1 通过"导航"窗格突出显示文本 15
- 1.4.2 使用通配符模糊查找内容 16
- 1.4.3 批量替换文档中的文本 17
- 1.4.4 批量将指定格式字体设置为蓝色 18
- 1.4.5 批量将文字替换为图片 20
- 1.4.6 一次性删除文档中的所有空白行 22

第 2 章 Word 文档格式与排版 23
2.1 设置文本格式 24
- 2.1.1 输入带圈数字 24
- 2.1.2 为文字设置渐变效果 25
- 2.1.3 将文字纵横混排 26
- 2.1.4 快速设置上标和下标 27
- 2.1.5 为文字添加删除线 29

2.2 设置段落格式 30
- 2.2.1 设置段落首行缩进 30
- 2.2.2 设置段落首字下沉 31
- 2.2.3 设置双行合一 32
- 2.2.4 设置段前自动分页 33
- 2.2.5 设置在同一页显示完整的段落 34

2.3 使用项目符号和编号 35
- 2.3.1 为文本添加项目符号 35
- 2.3.2 使用图片作为项目符号 36
- 2.3.3 插入编号 38
- 2.3.4 关闭自动编号功能 39

2.4 分页符与分节符 40
- 2.4.1 插入分页符 40
- 2.4.2 插入分节符 41
- 2.4.3 删除分节符 41

第 3 章 Word 页面布局与打印 43
3.1 文档页面布局 44
- 3.1.1 设置页边距和纸张大小 44
- 3.1.2 改变文档的垂直对齐方式 45
- 3.1.3 自定义每页行数和每行字符数 46
- 3.1.4 为文档添加行号 47
- 3.1.5 建立稿纸格式文档 48

3.2 添加页眉和页脚 49
- 3.2.1 为文档插入页眉 49

3.2.2	为文档插入页脚	50
3.2.3	在页眉中插入图片	51
3.2.4	插入页码	52
3.2.5	设置起始页	53

3.3 使用样式 54
3.3.1	快速使用现有的样式	54
3.3.2	创建新样式	55
3.3.3	通过样式选择相同格式的文本	56

3.4 使用模板 57
3.4.1	通过模板制作简历	57
3.4.2	通过模板创建书法字帖	58
3.4.3	使用模板创建日历文档	59
3.4.4	使用自定义模板创建文档	61

3.5 使用主题 62
3.5.1	为文档设置主题	62
3.5.2	使用主题中的样式集	63
3.5.3	新建主题颜色	64
3.5.4	新建个性化主题	65

3.6 打印文档 66
3.6.1	设置预览显示比例	67
3.6.2	设置只打印当前页	68
3.6.3	设置打印页码的范围	69
3.6.4	打印其他尺寸的纸张格式到 A4 纸中	70
3.6.5	使用逆序打印	71
3.6.6	将多页缩小到一页上打印	72

第 4 章 图文并茂排版文章 73

4.1 在文章中插入图片 74
4.1.1	整齐地插入多张特定大小的图片	74
4.1.2	插入屏幕截图	78
4.1.3	精确旋转图片	78
4.1.4	设置图片的文字环绕方式	79
4.1.5	改变图片的形状	81

4.2 绘制图形 81
4.2.1	绘制自选图形并添加文本	82
4.2.2	更改形状样式	83
4.2.3	使用图片填充图形	84
4.2.4	将多个图形组合为一体	86

4.3 艺术字与文本框 86
4.3.1	插入文本框并修改文本格式	87
4.3.2	设置文本框链接	88
4.3.3	将文本转换为文本框	89
4.3.4	插入艺术字	90
4.3.5	为艺术字设置三维效果	91
4.3.6	设置艺术字的文字方向	92

4.4 编辑与应用 SmartArt 图形 92
4.4.1	新建 SmartArt 图形	93
4.4.2	套用 SmartArt 图形的颜色与样式	94
4.4.3	更改 SmartArt 图形的布局	95

第 5 章 表格和图表的应用 97

5.1 新建表格 98
5.1.1	创建表格	98
5.1.2	制作斜线表头	99
5.1.3	快速插入 Excel 表格	102
5.1.4	将表格转换为文本	103

5.2 编辑表格 104
5.2.1	拆分与合并单元格	104
5.2.2	添加行和列	105
5.2.3	快速让列的宽度适应内容	106
5.2.4	平均分布行高和列宽	107

5.3 设置表格格式 108
5.3.1	更改表格内容的文字方向	108
5.3.2	设置表格的对齐方式	109
5.3.3	设置表格在页面中的位置	110

  5.3.4 自定义表格的边框样式 111
  5.3.5 设置表格的底纹 112
 5.4 处理表格数据 113
  5.4.1 按姓氏笔划排序 114
  5.4.2 在表格里使用公式进行计算 115
 5.5 在文档中使用图表 116
  5.5.1 插入图表 116
  5.5.2 更改图表布局和样式 117
  5.5.3 设置图表标题 119
  5.5.4 为图表添加数据标签 120

第6章 编辑长文档与多文档 121
 6.1 排版长文档 122
  6.1.1 创建主控文档和子文档 122
  6.1.2 将子文档内容显示到主控文档 124
  6.1.3 从主控文档打开子文档 124
  6.1.4 将多个文档合并到一个文档中 125
 6.2 查看与编辑长文档 126
  6.2.1 快速查看长文档的目录结构 126
  6.2.2 显示文档缩略图 127
  6.2.3 快速返回上一次编辑的位置 129
  6.2.4 快速定位到指定页中 130
  6.2.5 同时编辑文档的不同部分 131
  6.2.6 显示过宽长文档内容 131
  6.2.7 通过增大或减小显示比例查看文档 132
  6.2.8 在长文档中添加书签标识 133

第7章 提取文档目录与添加注释 ... 135
 7.1 文档目录结构的创建与提取 136
  7.1.1 快速插入目录 136
  7.1.2 提取更多级别的目录 137
  7.1.3 设置目录与页码之间的前导符样式 138
  7.1.4 修改目录的文字样式 139
  7.1.5 手动添加索引项 140
  7.1.6 创建索引列表 141
  7.1.7 插入题注 142
  7.1.8 为文档添加封面 143
 7.2 交叉引用与超链接 144
  7.2.1 设置交叉引用 144
  7.2.2 使用超链接快速打开文档 145
 7.3 添加脚注和尾注 146
  7.3.1 为文档插入脚注 146
  7.3.2 为文档插入尾注 147
  7.3.3 修改脚注编号格式 148
  7.3.4 脚注与尾注互换 149
 7.4 使用图文集 150
  7.4.1 使用自动图文集快速输入内容 150
  7.4.2 删除创建的自动图文集词条 152

第8章 运用Word协同办公 153
 8.1 自动校对 154
  8.1.1 自动检查语法错误 154
  8.1.2 隐藏拼写错误标记 155
  8.1.3 快速统计文档字数 156
  8.1.4 翻译文档 156
  8.1.5 设置语言 158
 8.2 添加批注 158
  8.2.1 新建批注 159
  8.2.2 回复批注内容 159
  8.2.3 显示与隐藏批注 160
  8.2.4 修改批注的框线格式 161
  8.2.5 修改批注的文字格式 162
 8.3 修订文档 163
  8.3.1 对文档进行修订 163
  8.3.2 更改修订标记的显示方式 164
  8.3.3 更改文档修订者的姓名 165

- 8.3.4 查看指定审阅者的修订 166
- 8.3.5 接受修订 167
- 8.3.6 拒绝修订 168
- 8.4 Word 邮件合并 169
- 8.4.1 利用向导创建中文信封 169
- 8.4.2 快速制作标签 172
- 8.4.3 使用邮件合并制作工资条 173
- 8.4.4 键入新列表 177

第 1 章
输入与编辑文本

本章主要介绍快速输入文本、复制与移动文本、选择文本的操作技巧,同时讲解查找和替换方面的知识。通过本章的学习,读者可以掌握 Word 输入与编辑文本方面的技巧,为深入学习 Word 奠定基础。

用手机扫描二维码
获取本章学习素材

1.1　快速输入文本

Word 主要用于编辑文本，利用它能够制作出结构清晰、版式精美的各种文档。在 Word 中编辑文档，就要先输入文档内容。掌握 Word 文档内容的输入方法，是编辑各种格式文档的前提。本节将详细介绍快速输入各式文档的技巧。

1.1.1 快速输入¥、$、€等货币符号

本节将制作在"商品价格清单"文档中快速输入¥、$、€等货币符号的案例。本案例需要运用快捷键的知识点，可以应用在需要输入货币符号的工作场景。

<< 扫码获取配套视频课程，本节视频课程播放时长约为 44 秒。

操作步骤

打开名为"商品价格清单"的文档，将光标定位在第 2 行、第 2 列的单元格中，将输入法切换至中文状态，按 Shift+4 组合键，即可输入"¥"符号，如图 1-1 和图 1-2 所示。

图 1-1

图 1-2

将光标定位在第 3 行、第 2 列的单元格中，将输入法切换至英文状态，按 Shift+4 组合键，即可输入"$"符号，如图 1-3 和图 1-4 所示。

图 1-3

图 1-4

将光标定位在第 4 行、第 2 列的单元格中，将输入法切换至中文状态，按 Ctrl+Alt+E 组合键，即可输入"€"符号，如图 1-5 和图 1-6 所示。

商品价格清单	
名称	价格
手机	6099￥
数码相机	4399$
平板电脑	3699
总计	14197

商品价格清单	
名称	价格
手机	6099￥
数码相机	4399$
平板电脑	3699€
总计	14197€

图 1-5　　　　　　　　　　图 1-6

知识拓展：使用菜单命令输入货币符号

除了使用快捷键输入货币符号外，用户还可以执行【插入】→【符号】→【其他符号】命令，打开【符号】对话框，设置【字体】为【拉丁文本】选项，设置【子集】为【拉丁语 -1 增补】选项，在列表框中选择准备输入的符号，再单击【插入】按钮，关闭对话框即可完成输入货币符号的操作。

1.1.2　快速输入人民币大写金额

本节将制作在"财务报告"文档中，快速输入人民币大写金额的案例。本案例需要执行【插入】→【符号】→【编号】命令，可以应用在需要使用大写数字的文档中。

<< 扫码获取配套视频课程，本节视频课程播放时长约为 26 秒。

操作步骤

第 1 步　打开名为"财务报告"的文档，选中准备设为大写数字的阿拉伯数字"107355"，❶单击【插入】菜单，❷单击【符号】下拉按钮，❸在弹出的选项中单击【编号】按钮，如图 1-7 所示。

第 2 步　弹出【编号】对话框，❶在【编号类型】列表框中选择大写数字选项，❷单击【确定】按钮，如图 1-8 所示。

繁琐工作快上手
短视频学 Word 极简办公

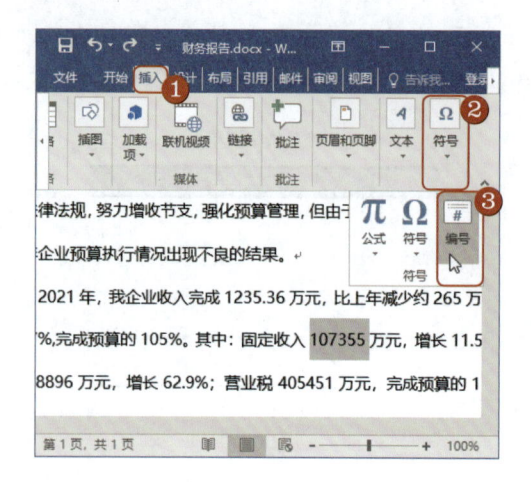

图 1-7

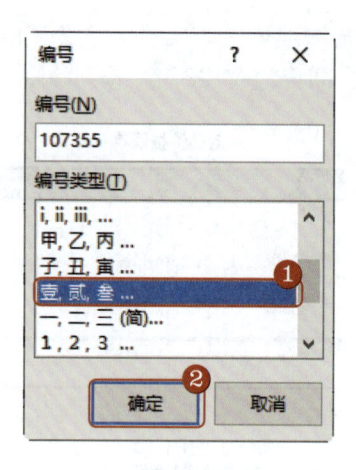

图 1-8

第 3 步 完成输入人民币大写金额的操作，如图 1-9 所示。

■ 经验之谈

使用拼音输入法也可以输入大写数字，只要打出大写数字的拼音，然后再按大写数字所在的数字键即可完成输入。

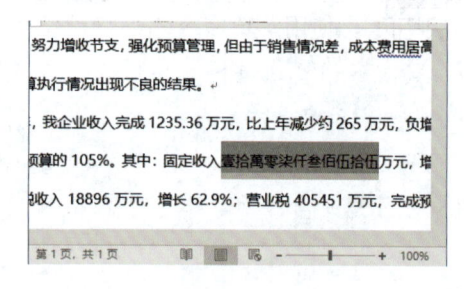

图 1-9

1.1.3 巧用替换法快速输入下划线

本节将制作在"Office 2016 简介"文档中，快速输入下划线的案例。本案例需要执行【开始】→【编辑】→【替换】命令，可以应用在需要批量输入下划线的文档中。

<< 扫码获取配套视频课程，本节视频课程播放时长约为 48 秒。

▼ 操作步骤

第 1 步 打开名为"Office 2016 简介"的文档，❶在【开始】菜单中单击【编辑】下拉按钮，❷ 在弹出的选项中单击【替换】按钮，如图 1-10 所示。

第 2 步 弹出【查找和替换】对话框，选择【替换】选项卡，❶在【查找内容】和【替换为】文本框中均输入"Office 2016"，❷将光标定位在【替换为】文本框的最右侧，按 Ctrl+U 组合键，可以看到【格式】区域显示"下划线"，❸单击【全部替换】按钮，如图 1-11 所示。

4

图 1-11

第4步 可以看到文档中所有的"Office 2016"文字下方都添加了下划线，如图1-13所示。

图 1-10

第3步 弹出提示对话框，单击【确定】按钮，如图1-12所示。

图 1-12

图 1-13

1.1.4 插入当前日期和时间

本节将制作在文档中输入当前日期与时间的案例。本案例需要执行【插入】→【文本】→【日期和时间】命令，可以应用在需要输入当前日期时间的文档中。

<< 扫码获取配套视频课程，本节视频课程播放时长约为35秒。

▼ 操作步骤

第1步 新建空白文档，❶单击【插入】菜单，❷单击【文本】下拉按钮，❸在弹出的选项中单击【日期和时间】按钮，如图1-14所示。

第2步 弹出【日期和时间】对话框，❶在【可用格式】文本框中选择一种日期格式，❷单击【确定】按钮，如图1-15所示。

繁琐工作快上手
短视频学 Word 极简办公

图 1-14

第 3 步 文档中已经输入了当前日期，如图 1-16 所示。

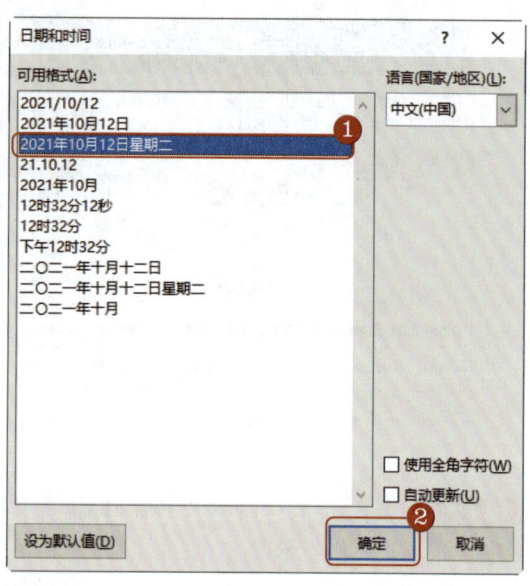

图 1-15

第 4 步 使用相同方法再次打开【日期和时间】对话框，选择一种时间格式，单击【确定】按钮，如图 1-17 所示。

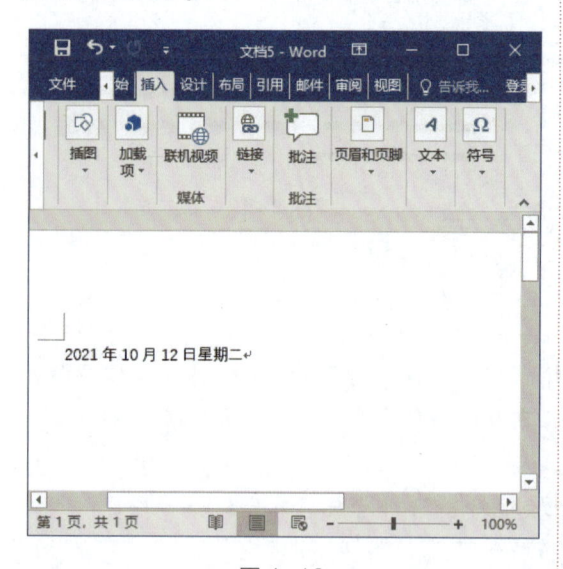

图 1-16

图 1-17

第 5 步 文档中已经输入了当前时间，如图 1-18 所示。

第一章 输入与编辑文本

图 1-18

■ 经验之谈

使用拼音输入法输入"rq",即可出现当前日期;输入"sj",即可出现当前时间。

在 Word 中按 Shift+Alt+D 组合键,即可输入当前日期;按 Shift+Alt+T 组合键,即可输入当前时间。

知识拓展:实时更新当前日期和时间

在【日期和时间】对话框中勾选【自动更新】复选框,即可在每次打开文档时自动更新当前的日期和时间。

1.1.5 输入偏旁部首

本节将制作在文档中输入偏旁部首的案例。本案例需要执行【插入】→【符号】→【其他符号】命令,可以应用在需要输入偏旁部首的文档中。

<< 扫码获取配套视频课程,本节视频课程播放时长约为 43 秒。

▼ 操作步骤

第1步 新建空白文档,❶单击【插入】菜单,❷单击【符号】下拉按钮,❸单击【符号】下拉按钮,❹选择【其他符号】选项,如图 1-19 所示。

第2步 弹出【符号】对话框,选择【符号】选项卡,❶设置【字体】为【(普通文本)】选项,❷设置【子集】为【CJK 偏旁部首增补】选项,❸单击偏旁部首,❹单击【插入】按钮,❺单击【关闭】按钮,如图 1-20 所示。

图 1-19

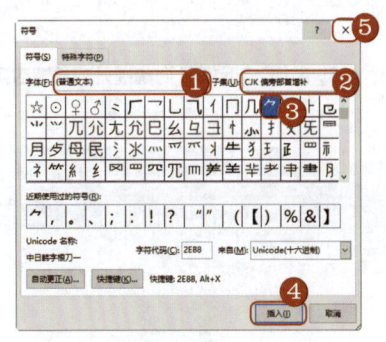

图 1-20

7

第3步 文档中已经输入了刚刚选择的部首，如图1-21所示。

■ 经验之谈

在【符号】对话框中，用户还可以输入其他类型的字符，如罗马数字、带圈数字、带括号数字、数学运算符、平假名、片假名、注音符号、制表符以及几何图形符等。

图1-21

1.2 复制与移动文本

在编辑文档的过程中，最常用的编辑操作是复制和移动。使用复制、移动的方法可以加快文本的编辑速度，提高工作效率。本节将介绍复制与移动文本的操作技巧。

1.2.1 以无格式方式复制网页信息

本节将制作以无格式方式复制网页信息的案例。本案例需要运用"粘贴选项"知识点，可以应用在需要以无格式方式复制网页信息的文档中。

<< 扫码获取配套视频课程，本节视频课程播放时长约为31秒。

▼ 操作步骤

第1步 在网页中选中准备复制的内容并右击，在弹出的快捷菜单中选择【复制】菜单项，如图1-22所示。

第2步 新建空白文档，右击并在弹出的快捷菜单中单击【只保留文本】按钮，如图1-23所示。

图1-22

图1-23

第1章 输入与编辑文本

第3步 网页中的内容以无格式的方式复制到了文档中,如图1-24所示。

■ **经验之谈**

在文档中右击,用户可以在弹出的快捷菜单中选择粘贴的方式,包括【保留源格式】按钮、【合并粘贴】按钮以及【只保留文本】按钮。

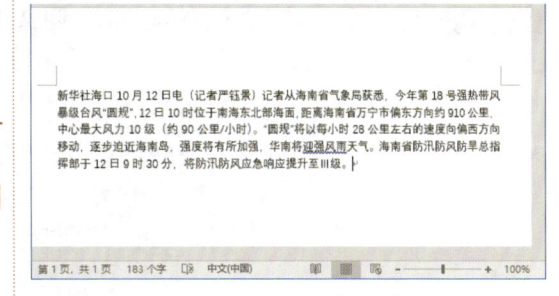

图 1-24

知识拓展:实时更新当前日期和时间

选中内容,按Ctrl+C组合键即可进行复制,在定位光标处按Ctrl+V组合键即可完成保留源格式的粘贴操作。

1.2.2 设置插入或粘贴图片的默认版式

本节将制作设置插入或粘贴图片的默认版式的案例。本案例需要执行【文件】菜单命令,然后在【Word选项】对话框中进行设置,设置完成后在Word中插入或粘贴图片时,图片都会以设置的版式显示。

<< 扫码获取配套视频课程,本节视频课程播放时长约为50秒。

▼ **操作步骤**

第1步 打开名为"爱莲说"的文档,单击【文件】菜单,如图1-25所示。

第2步 进入Backstage视图,选择【选项】选项,如图1-26所示。

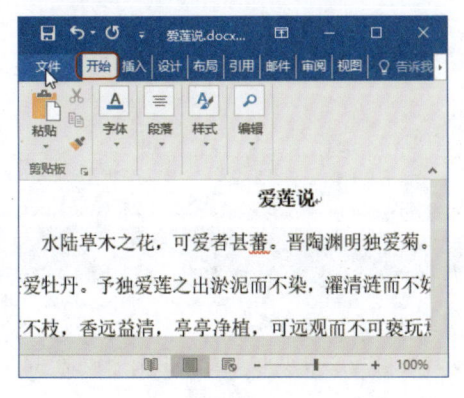

图 1-25

图 1-26

9

繁琐工作快上手
短视频学 Word 极简办公

第3步 打开【word 选项】对话框，❶选择【高级】选项卡，❷在【剪切、复制和粘贴】区域单击【将图片插入/粘贴为】下拉按钮，选择【衬于文字下方】选项，❸单击【确定】按钮，如图 1-27 所示。

第4步 返回文档，❶单击【插入】菜单，❷单击【插图】下拉按钮，❸单击【图片】按钮，如图 1-28 所示。

图 1-27

图 1-28

第5步 弹出【插入图片】对话框，❶打开图片所在文件夹，❷单击选中图片，❸单击【插入】按钮，如图 1-29 所示。

第6步 可以看到图片以在文字下方显示的方式插入文档中，如图 1-30 所示。

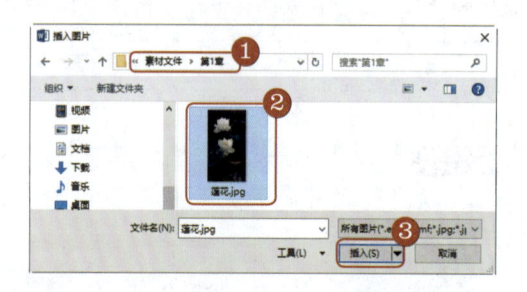

图 1-29

图 1-30

1.2.3 将文本转换为图片

本节制作将文本转换为图片的案例。本案例需要执行"复制""粘贴"命令，适用于需要将文本转换为图片的工作场景。

<< 扫码获取配套视频课程，本节视频课程播放时长约为 34 秒。

10

第 1 章
输入与编辑文本

操作步骤

第 1 步 打开名为"将文字转为图片"的文档,选中文本,在【开始】菜单下的【剪贴板】组中单击【复制】按钮,如图 1-31 所示。

第 2 步 定位光标在第 2 行,❶单击【剪贴板】组中的【粘贴】下拉按钮,❷选择【选择性粘贴】选项,如图 1-32 所示。

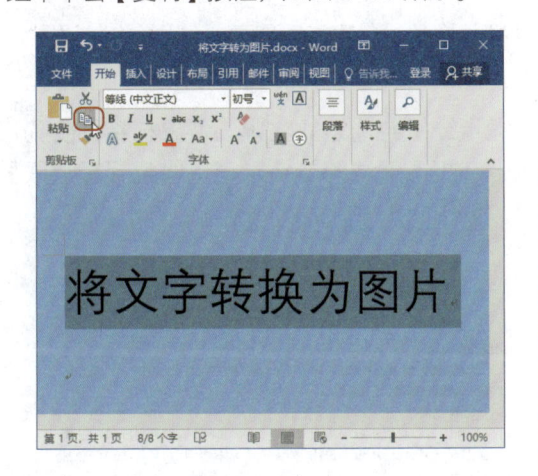

图 1-31

图 1-32

第 3 步 打开【选择性粘贴】对话框,❶在【形式】列表中选择【图片(增强型图元文件)】选项,❷单击【确定】按钮,如图 1-33 所示。

第 4 步 返回文档,可以看到在第 2 行粘贴的是一个图片文件,如图 1-34 所示。

图 1-33

图 1-34

知识拓展:选择性粘贴文本类型

【选择性粘贴】文本类型包括"Microsoft Word 文档 对象""带格式文本(RTF)""无格式文本""图片(增强型图元文件)""HTML 格式""无格式的 Unicode 文本"。

11

1.2.4 快速移动文本位置

本节将制作快速移动文本位置的案例。Word 提供的移动功能可以将一处文本移动到另一处,以便重新组织文档的结构。

<< 扫码获取配套视频课程,本节视频课程播放时长约为 17 秒。

打开名为"新员工培训须知"的文档,将鼠标指针指向选定的文本,待鼠标指针变为箭头形状,按住鼠标左键拖动,鼠标指针变为下方带有矩形区域的箭头,至适当位置释放鼠标左键,选定的文本从原来的位置移动到新的位置,如图 1-35 和图 1-36 所示。

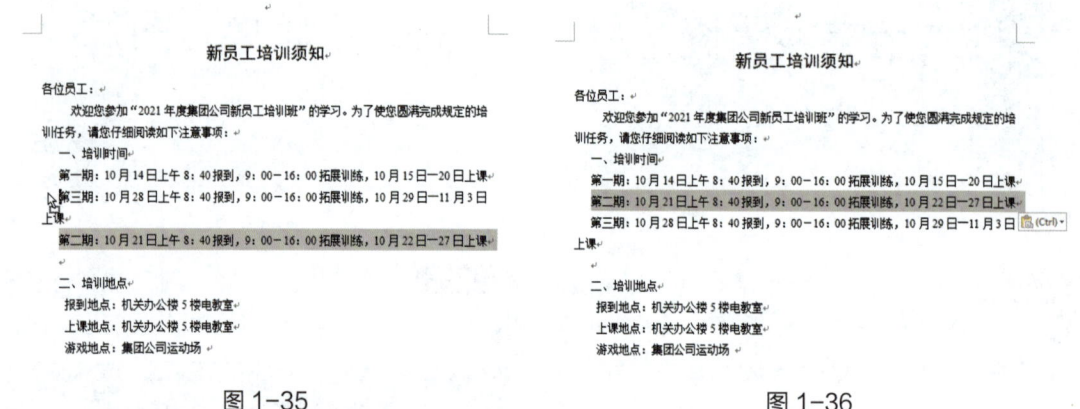

图 1-35   图 1-36

1.3 选 择 文 本

要想编辑文本首先得选择文本,选择文本时可以选择单个字符或者整行文本,也可以选中整篇文档。本节将介绍选择文本的操作技巧。

1.3.1 快速选择一行内容

本节将制作使用鼠标选中一行文本的案例,使用鼠标选择文本是最常见的一种选择文本的方法。

<< 扫码获取配套视频课程,本节视频课程播放时长约为 15 秒。

操作步骤

第1步 打开名为"工作总结"的文档,将鼠标指针移至准备选中的某行文本左侧,鼠标指针变为箭头形状,如图1-37所示。

第2步 单击鼠标,即可选中该行文本内容,如图1-38所示。

图 1-37

图 1-38

1.3.2 快速选择整个段落

本节将制作使用鼠标选中整个段落的案例,使用鼠标选中整个段落的方法与选中一行文本的方法类似。

<< 扫码获取配套视频课程,本节视频课程播放时长约为11秒。

打开名为"工作总结"的文档,将鼠标指针移至准备选中的某段文本左侧,鼠标指针变为箭头形状,双击鼠标左键,即可选中整段文本内容,如图1-39和图1-40所示。

图 1-39

图 1-40

1.3.3 选择不连续的区域

本节将制作使用鼠标选择不连续区域的案例，使用鼠标选择不连续区域需要借助 Ctrl 键来实现。

<< 扫码获取配套视频课程，本节视频课程播放时长约为 21 秒。

▼ 操作步骤

第 1 步 打开名为"工作总结"的文档，使用鼠标先选中某一行文本，按住 Ctrl 键，将鼠标指针移至另一行文本左侧，如图 1-41 所示。

第 2 步 单击鼠标，即可选中不连续的文本内容，如图 1-42 所示。

图 1-41

图 1-42

知识拓展：使用键盘选择文本

在不使用鼠标的情况下，用户也可以利用键盘组合键来选择文本。使用键盘选定文本时，需先将插入点移动到将选文本的开始位置，然后按相关组合键即可。

Shift+←：选择光标左边的一个字符。

Shift+→：选择光标右边的一个字符。

Shift+↑：选择至光标上一行同一位置之间的所有字符。

Shift+↓：选择至光标下一行同一位置之间的所有字符。

Shift+Home：选择至当前行的开始位置。

Shift+End：选择至当前行的结束位置。

Ctrl+A：选择全部文档。

1.3.4　让光标在段落间快速移动

本节将制作使用键盘让光标在段落间快速移动的案例，使用键盘让光标在段落间快速移动需要借助 Ctrl 键来实现。本案例适用于需要快速定位光标的工作场景。

<<扫码获取配套视频课程，本节视频课程播放时长约为 19 秒。

打开名为"工作总结"的文档，将光标定位在任意位置，按 Ctrl+↓组合键，即可将光标定位在下一段落段首的位置，如图 1-43 和图 1-44 所示。

图 1-43　　　　　　　　　　　　图 1-44

按 Ctrl+↑组合键，可以实现将光标移动到上一个段落首位。
按↑键，可以实现将光标移动到上一行的同一位置。
按↓键，可以实现将光标移动到下一行的同一位置。

1.4　查找和替换

要在一篇很长的文章中找到一个词语，可以借助于 Word 提供的查找功能。如果要将文章中的一个词语用另外的词语来替换，当这个词语在文章中出现的次数较多时，可借助于 Word 提供的替换功能。

1.4.1　通过"导航"窗格突出显示文本

本节将制作在"培训须知"文档中搜索并突出显示文本的案例。本案例需要执行【视图】→【显示】→【导航窗格】命令，可以适用于需要查找文档中某个特定词语的工作场景。

<<扫码获取配套视频课程，本节视频课程播放时长约为 27 秒。

15

繁琐工作快上手
短视频学 Word 极简办公

▼ 操作步骤

第1步 打开名为"培训须知"的文档，❶单击【视图】菜单，❷单击【显示】下拉按钮，❸勾选【导航窗格】复选框，如图1-45所示。

第2步 在文档左侧弹出导航窗格，在搜索框中输入"员工"，Word 将在导航窗格中列出包含查找文字的段落，同时会自动将搜索到的内容以突出的形式显示，如图1-46所示。

图 1-45

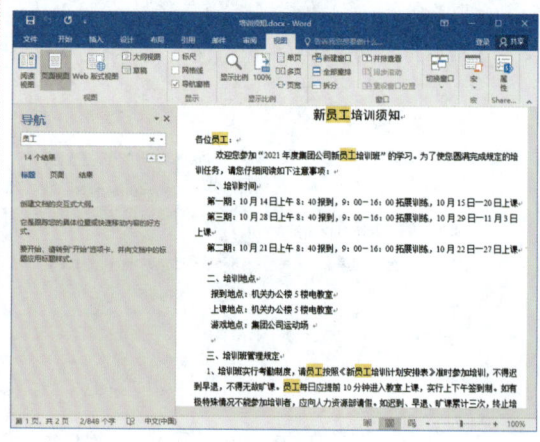

图 1-46

知识拓展：使用【查找和替换】对话框查找文本

　　执行【开始】→【编辑】→【查找】命令，打开【查找和替换】对话框，在【查找内容】文本框中输入准备查找的内容，单击【在以下项中查找】下拉按钮，在下拉列表中可以选择查找范围。使用对话框查找，可以对文档中的内容一处一处地查找，也可以在固定的区域内查找，具有比较大的灵活性。

1.4.2　使用通配符模糊查找内容

　　查找文本内容，可用通配符代替一个或多个真正字符。当用户不知道真正字符或者要查找的内容只限制部分内容时，其他不限制的内容就可以使用通配符代替。

<< 扫码获取配套视频课程，本节视频课程播放时长约为 44 秒。

16

第 1 章
输入与编辑文本

▼ 操作步骤

第1步 打开名为"培训须知"的文档，❶在【开始】菜单中单击【编辑】下拉按钮，❷单击【查找】下拉按钮，❸选择【高级查找】选项，如图1-47所示。

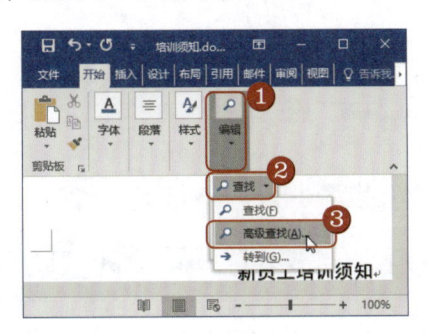

图 1-47

第2步 打开【查找和替换】对话框，在【查找】选项卡中单击【更多】按钮，展开折叠的内容，如图1-48所示。

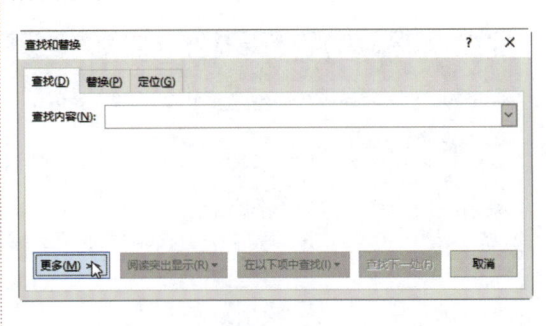

图 1-48

第3步 ❶勾选【使用通配符】复选框，❷在【查找内容】文本框中输入"月＊日"，❸单击【在以下项中查找】下拉按钮，在弹出的下拉列表中选择【主文档】选项，如图1-49所示。

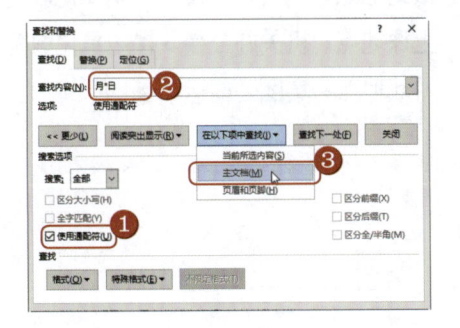

图 1-49

第4步 单击【关闭】按钮，返回到文档中，可以看到文档中所有"月"与"日"中包括多个任意字符的词语被查找出来，并处于选中状态，如图1-50所示。

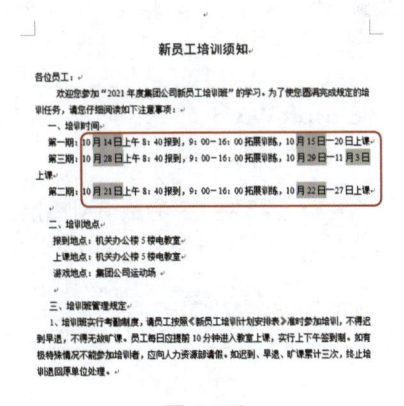

图 1-50

1.4.3 批量替换文档中的文本

本节将制作在"新员工培训须知"文档中批量替换文本的案例。本案例将通过【替换和查找】对话框来操作，可以适用于需要批量替换文本的工作场景。

<< 扫码获取配套视频课程，本节视频课程播放时长约为 42 秒。

17

繁琐工作快上手
短视频学 Word 极简办公

▼ 操作步骤

第1步 打开名为"培训须知"的文档，❶在【开始】菜单中单击【编辑】下拉按钮，❷单击【替换】按钮，如图 1-51 所示。

第2步 打开【查找和替换】对话框，❶在【替换】选项卡的【查找内容】和【替换为】文本框中分别输入内容，❷单击【全部替换】按钮，如图 1-52 所示。

图 1-51

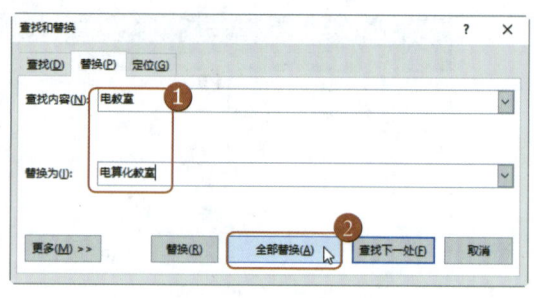

图 1-52

第3步 弹出提示对话框，单击【确定】按钮，如图 1-53 所示。

第4步 返回文档中，可以看到文档中的"电教室"都修改为"电算化教室"，如图 1-54 所示。

二、培训地点
　报到地点：机关办公楼 5 楼电算化教室
　上课地点：机关办公楼 5 楼电算化教室
　游戏地点：集团公司运动场

图 1-54

图 1-53

1.4.4 批量将指定格式字体设置为蓝色

本节将制作在"招聘启事"文档中批量将"华文琥珀"字体的文本设置为蓝色的案例。本案例将使用【查找和替换】对话框，可以适用于需要批量将指定格式字体设置为其他颜色的工作场景。

<< 扫码获取配套视频课程，本节视频课程播放时长约为 1 分 10 秒。

18

操作步骤

第1步 打开名为"招聘启事"的文档，❶在【开始】菜单中单击【编辑】下拉按钮，❷单击【替换】下拉按钮，如图1-55所示。

图1-55

第2步 打开【查找和替换】对话框，在【替换】选项卡下的【查找内容】文本框中定位光标，❶单击【格式】下拉按钮，❷选择【字体】选项，如图1-56所示。

图1-56

第3步 弹出【查找字体】对话框，❶设置【中文字体】为【华文琥珀】选项，❷单击【确定】按钮，如图1-57所示。

图1-57

第4步 返回【查找和替换】对话框，将光标定位在【替换】选项卡下的【替换为】文本框中，❶单击【格式】下拉按钮，❷选择【字体】选项，如图1-58所示。

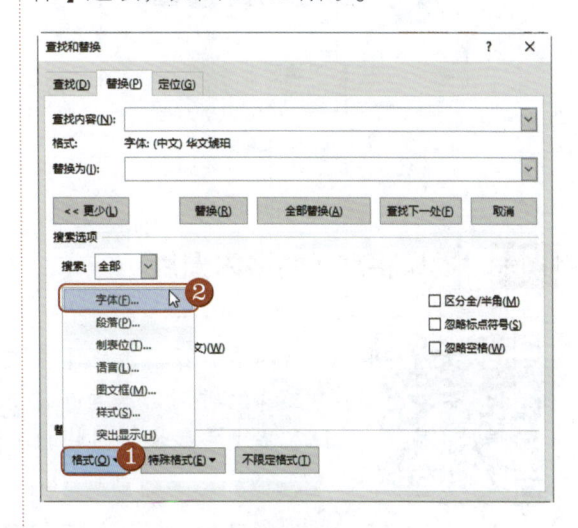

图1-58

第5步 弹出【替换字体】对话框，❶设置【字体颜色】为【蓝色，个性色1】选项，❷单击【确定】按钮，如图1-59所示。

第6步 返回【查找和替换】对话框，单击【全部替换】按钮，如图1-60所示。

图1-59

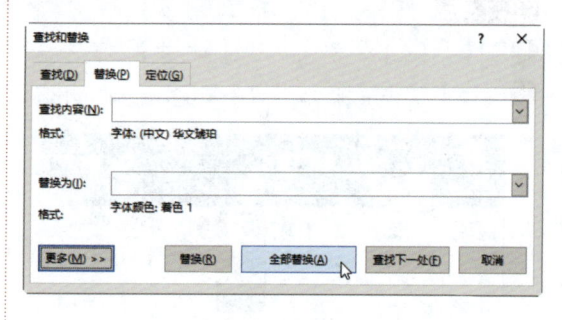

图1-60

第7步 弹出提示对话框，单击【确定】按钮，如图1-61所示。

第8步 单击【关闭】按钮，返回到文档中，可以看到所有"华文琥珀"字体的文本内容已经变为蓝色，如图1-62所示。

图1-61

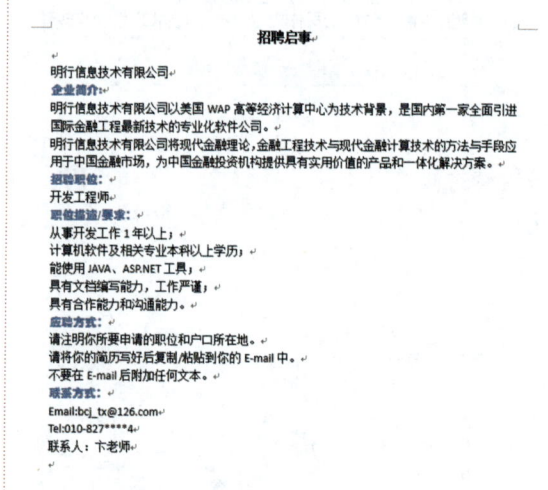

图1-62

1.4.5 批量将文字替换为图片

本节将在"工程建设文件"文档中，制作将所有"山水"词语替换为图片的案例。本案例将使用【查找和替换】对话框，可以适用于需要批量将文字替换为图片的工作场景。

<< 扫码获取配套视频课程，本节视频课程播放时长约为50秒。

第1章 输入与编辑文本

▼ 操作步骤

第1步 打开名为"工程建设文件"的文档，选中图片，并按 Ctrl+C 组合键进行复制，❶在【开始】菜单中单击【编辑】下拉按钮，❷单击【替换】下拉按钮，如图 1-63 所示。

第2步 打开【查找和替换】对话框，❶在【替换】选项卡的【查找内容】文本框中输入"山水"，在【替换为】文本框中输入"^c"，注意字母为小写，❷勾选【使用通配符】复选框，❸单击【全部替换】按钮，如图 1-64 所示。

图 1-63

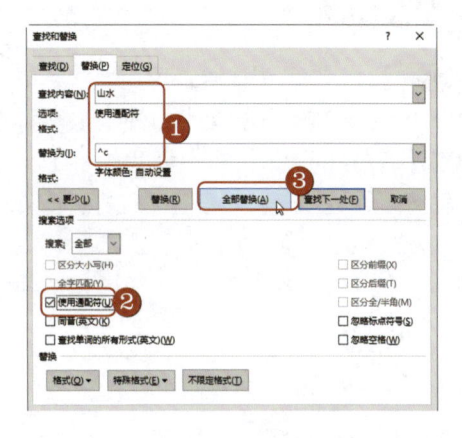

图 1-64

第3步 弹出提示对话框，单击【确定】按钮，如图 1-65 所示。

第4步 返回文档中，可以看到文档中的"山水"都变为图片，如图 1-66 所示。

图 1-65

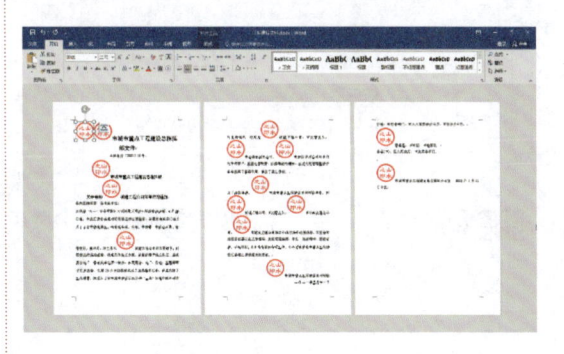

图 1-66

知识拓展：使用快捷键打开【查找和替换】对话框

用户除了可以执行【开始】→【编辑】→【替换】命令打开【查找和替换】对话框之外，还可以按 Ctrl+H 组合键打开对话框。

21

繁琐工作快上手
短视频学 Word 极简办公

1.4.6 一次性删除文档中的所有空白行

本节将一次性删除"合同书"文档中的所有空白行。本案例将使用【查找和替换】对话框，可以适用于需要批量删除文档中所有空白行的工作场景。

<< 扫码获取配套视频课程，本节视频课程播放时长约为 38 秒。

▼ 操作步骤

第 1 步　打开名为"合同书"的文档，按 Ctrl+H 组合键打开【查找和替换】对话框，❶在【替换】选项卡的【查找内容】文本框中输入"[^13]{2,}"，在【替换为】文本框中输入"^13"，❷勾选【使用通配符】复选框，❸单击【全部替换】按钮，如图 1-67 所示。

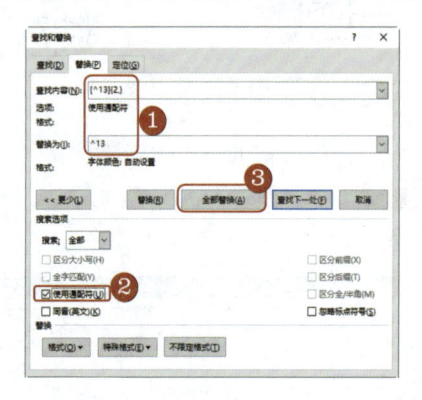

图 1-67

第 3 步　返回文档中，可以看到文档中的空白行都被删除，如图 1-69 所示。

第 2 步　弹出提示对话框，单击【确定】按钮，如图 1-68 所示。

图 1-68

图 1-69

第 2 章
Word 文档格式与排版

本章主要介绍设置文本格式、设置段落格式、使用项目符号和编号的操作与技巧，同时讲解分页符和分节符方面的知识。通过本章的学习，读者可以掌握 Word 文档格式与排版方面的技巧，为深入学习 Word 奠定基础。

用手机扫描二维码
获取本章学习素材

2.1 设置文本格式

文本格式编排决定字符在屏幕上和打印时的出现形式。Word 提供了强大的设置字体格式的功能，本节将介绍为文本设置特殊格式的各种技巧。

2.1.1 输入带圈数字

本节将制作在 Word 文档中输入带圈数字的案例。本案例需要执行【开始】→【字体】→【带圈字符】命令，可以应用在需要带圈数字的文档中。

<< 扫码获取配套视频课程，本节视频课程播放时长约为 27 秒。

操作步骤

第 1 步 新建空白文档，❶在【开始】菜单中单击【字体】下拉按钮，❷单击【带圈字符】按钮字，如图 2-1 所示。

第 2 步 弹出【带圈字符】对话框，❶在【样式】区域选择【增大圈号】选项，❷单击【文字】列表选择一种文字格式，❸单击【圈号】列表选择一种圈号样式，❹单击【确定】按钮，如图 2-2 所示。

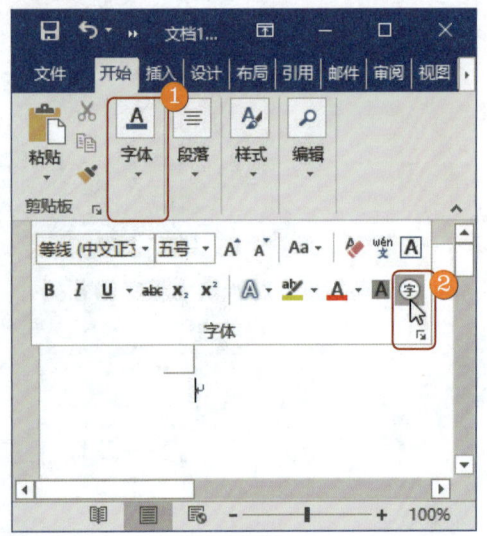

图 2-1

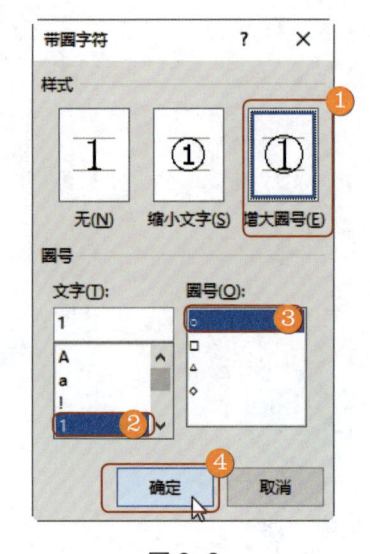

图 2-2

第 2 章
Word 文档格式与排版

第 3 步 返回文档中,可以看到文档中已经添加了一个带圈字符,如图 2-3 所示。

■ 经验之谈

执行【插入】→【符号】→【其他符号】命令,打开【符号】对话框,设置【字体】为【宋体】,【子集】为【带括号的字母数字】,也可以插入带圈数字,但是有一定的限制,只能插到⑩。

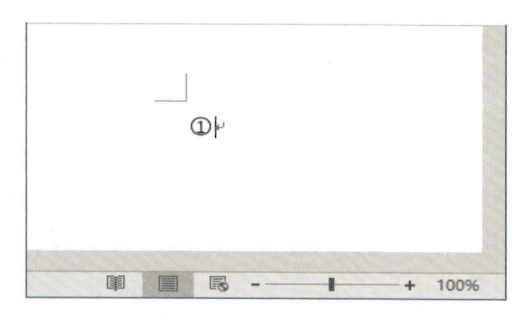

图 2-3

2.1.2 为文字设置渐变效果

本节将制作为文字设置渐变效果的案例。本案例需要执行【开始】→【字体】命令,可以应用在需要为文字设置渐变效果的工作场景。

<< 扫码获取配套视频课程,本节视频课程播放时长约为 57 秒。

▼ 操作步骤

第 1 步 打开名为"为文字设置渐变效果"的文档,选中文本,在【开始】选项卡中的【字体】组中单击对话框开启按钮,如图 2-4 所示。

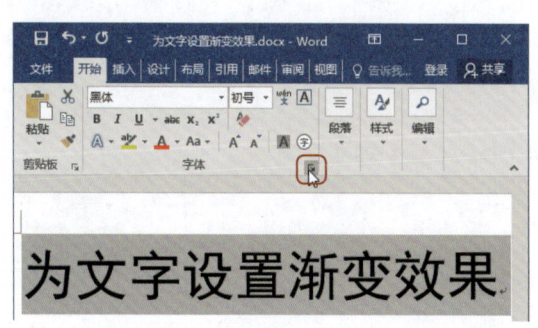

图 2-4

第 2 步 弹出【字体】对话框,在【字体】选项卡中单击【文字效果】按钮,如图 2-5 所示。

图 2-5

25

繁琐工作快上手
短视频学 Word 极简办公

第3步 弹出【设置文本效果格式】对话框，❶在【文本填充】选项卡中单击展开【文本边框】选项，❷选中【渐变线】单选按钮，❸在【渐变光圈】颜色条上添加色块，分别选中每个色块，在下方的【颜色】下拉列表中设置颜色，❹单击【确定】按钮，如图 2-6 所示。

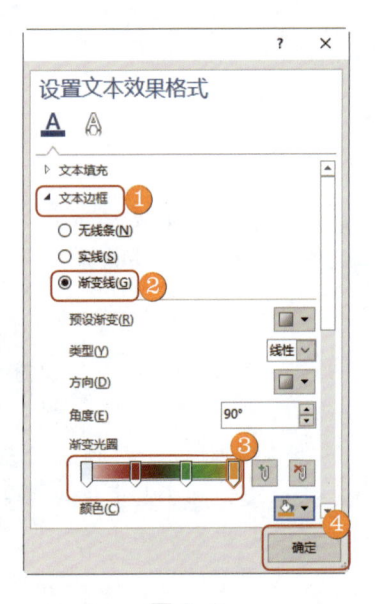

图 2-6

第4步 返回到【字体】对话框，单击【确定】按钮，返回文档，可以看到已经为文本添加了渐变效果，如图 2-7 所示。

图 2-7

■ 经验之谈

选中文本，右击文本，在弹出的快捷菜单中选择【字体】菜单项，也可以打开【字体】对话框。

知识拓展：设置文字效果

在【设置文本效果格式】对话框中，用户还可以设置文字效果，选择【文字效果】选项卡，其中包括【阴影】、【映像】、【发光】、【柔滑边缘】和【三维模式】等选项。

2.1.3 将文字纵横混排

本节制作在文档中将文字纵横混排的案例。本案例需要执行【开始】→【段落】→【中文版式】命令，可以应用在文字纵横混排的工作场景。

<< 扫码获取配套视频课程，本节视频课程播放时长约为 39 秒。

操作步骤

第1步 打开名为"纵横混排"的文档，选中文本，①单击【布局】菜单，②在【页面设置】组中单击【文字方向】下拉按钮，③选择【垂直】选项，如图2-8所示。

图2-8

第2步 文本变为竖排显示，选中"2021"，①单击【开始】菜单，②单击【段落】下拉按钮，③单击【中文版式】下拉按钮，④选择【纵横混排】选项，如图2-9所示。

图2-9

第3步 弹出【纵横混排】对话框，①勾选【适应行宽】复选框，②单击【确定】按钮，如图2-10所示。

图2-10

第4步 返回到文档，可以看到文本实现了纵横混排的效果，如图2-11所示。

图2-11

2.1.4 快速设置上标和下标

本节将制作快速设置上标和下标的案例。本案例需要执行【开始】→【字体】→【上标】/【下标】命令，可以应用在需要上标或下标文字的工作场景。

<< 扫码获取配套视频课程，本节视频课程播放时长约为20秒。

繁琐工作快上手
短视频学 Word 极简办公

▼ 操作步骤

第 1 步 打开名为"上标和下标"的文档，选中第 1 行中的"2"，❶在【开始】菜单中单击【字体】下拉按钮，❷单击【上标】按钮，如图 2-12 所示。

第 2 步 可以看到选中的文本变为上标文本，选中第 2 行中的"a"，❶在【开始】菜单中单击【字体】下拉按钮，❷单击【下标】按钮，如图 2-13 所示。

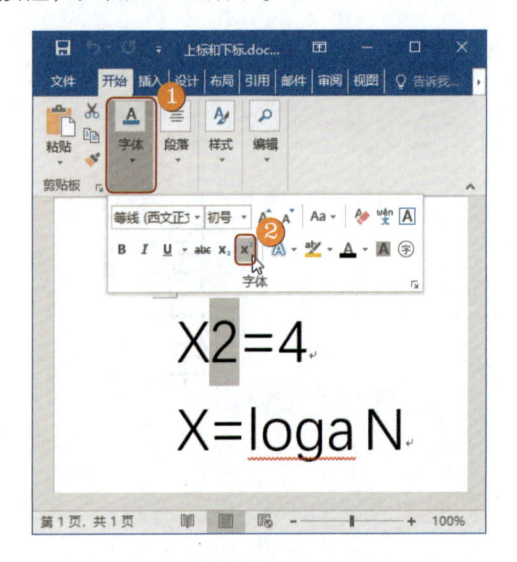

图 2-12

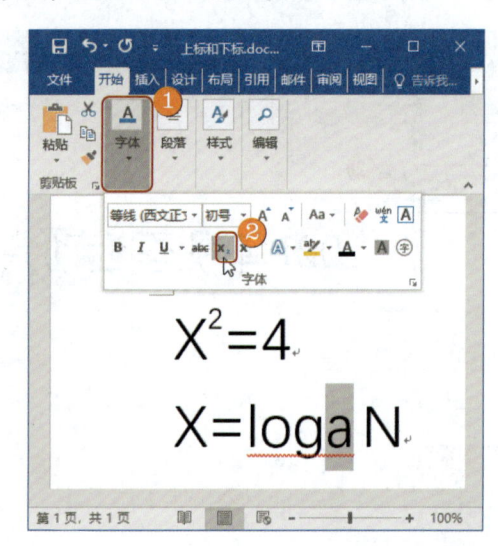

图 2-13

第 3 步 可以看到文本已经变为下标文本，如图 2-14 所示。

■ **经验之谈**

　　除了单击菜单中的按钮设置上标和下标之外，用户还可以使用快捷键来实现。上标的快捷键为 Ctrl+Shift++，下标的快捷键为 Ctrl+=。

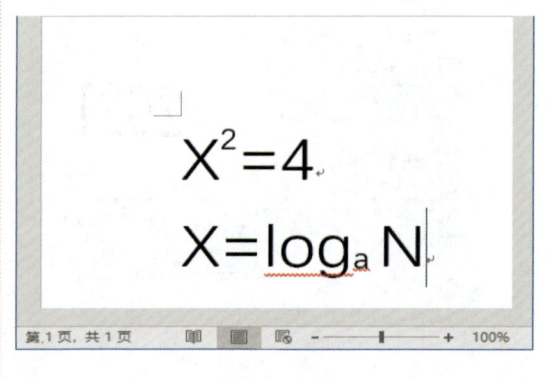

图 2-14

知识拓展：使用【字体】对话框设置上标或下标

　　选中准备上标或下标的文本，在【开始】选项卡中单击对话框开启按钮，弹出【字体】对话框，在【字体】选项卡中的【效果】区域，勾选【上标】或【下标】复选框，单击【确定】按钮也可以设置上标或下标文本的操作。

2.1.5 为文字添加删除线

本节将制作为文字添加删除线的案例。本案例需要使用【字体】对话框，可以应用在需要为文字添加删除线的工作场景。

<< 扫码获取配套视频课程，本节视频课程播放时长约为 19 秒。

操作步骤

第 1 步 打开名为"添加删除线"的文档，选中"病起萧萧两鬓华。"，❶在【开始】菜单中单击【字体】下拉按钮，❷单击对话框开启按钮，如图 2-15 所示。

第 2 步 弹出【字体】对话框，❶在【字体】选项卡中的【效果】区域，勾选【删除线】复选框，❷单击【确定】按钮，如图 2-16 所示。

图 2-15

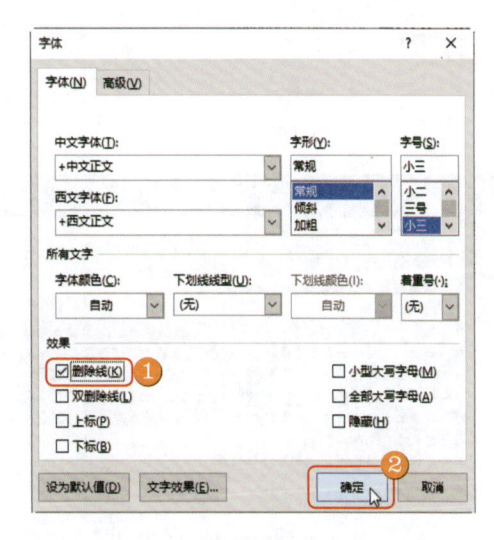

图 2-16

第 3 步 可以看到选中的文本已经添加了删除线，如图 2-17 所示。

■ 经验之谈

除了单击菜单中的对话框开启按钮打开【字体】对话框外，用户还可以按 Ctrl+D 组合键打开对话框。

图 2-17

2.2 设置段落格式

在编辑文档时，需要对段落格式进行设置，段落格式的设置包括段落的对齐方式、段落的缩进、段落间距和行距等。设置段落格式可以使文档结构清晰，层次分明。

2.2.1 设置段落首行缩进

本节将制作在"邀请函"文档中设置段落首行缩进的案例。本案例需要通过【段落】文本框来实现，可以应用在需要段落首行缩进的工作场景。

<< 扫码获取配套视频课程，本节视频课程播放时长约为 24 秒。

操作步骤

第 1 步 打开名为"邀请函"的文档，选中段落，单击【段落】组中的对话框开启按钮，如图 2-18 所示。

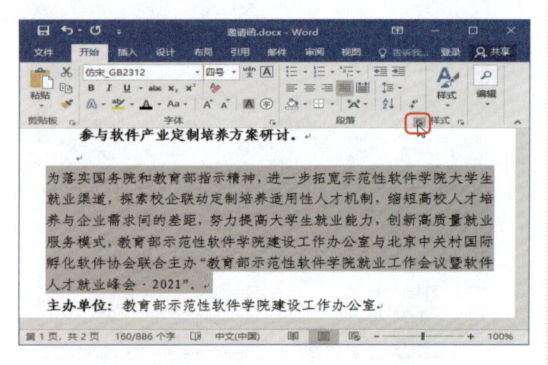

图 2-18

第 3 步 选中的段落已经添加了首行缩进格式，如图 2-20 所示。

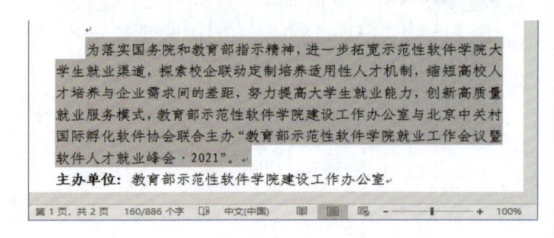

图 2-20

第 2 步 弹出【段落】对话框，❶在【缩进和间距】选项卡中的【缩进】区域，单击【特殊格式】下拉按钮，选择【首行缩进】选项，❷单击【确定】按钮，如图 2-19 所示。

图 2-19

知识拓展：

在【特殊格式】下拉列表中，一共包含3种格式，分别是【无】、【首行缩进】和【悬挂缩进】选项，用户可以根据版式需要进行选择。

2.2.2 设置段落首字下沉

本节将制作在"春"文档中设置段落首字下沉的案例。本案例需要执行【插入】→【首字下沉】命令，可以应用在需要段落首字下沉的工作场景。

<< 扫码获取配套视频课程，本节视频课程播放时长约为21秒。

▼ 操作步骤

第1步 打开名为"文档6"的文档，将光标定位在准备设置首字下沉的段落，❶单击【插入】菜单，❷单击【文本】下拉按钮，❸单击【首字下沉】下拉按钮，❹选择【下沉】选项，如图2-21所示。

图2-21

第2步 可以看到光标所在段落的首字已经下沉显示，如图2-22所示。

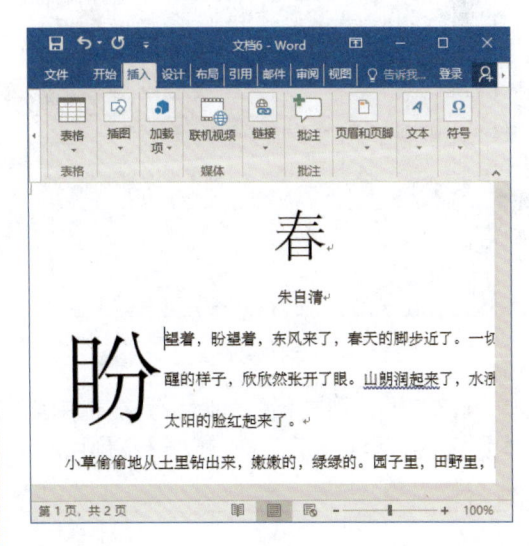

图2-22

■ 经验之谈

如果需要改变下沉的行数或者字体的格式等，只需再次执行【插入】→【首字下沉】→【首字下沉选项】命令，在弹出的【首字下沉】对话框中进行设置即可。

繁琐工作快上手
短视频学 Word 极简办公

2.2.3 设置双行合一

本节将制作设置文本双行合一的案例。本案例需要执行【开始】→【段落】→【中文版式】命令，可以应用在需要段落首字下沉的工作场景。

<< 扫码获取配套视频课程，本节视频课程播放时长约为 22 秒。

▼ 操作步骤

第 1 步 打开名为"双行合一"的文档，选中文本，❶在【开始】菜单中单击【段落】下拉按钮，❷单击【中文版式】下拉按钮，❸选择【双行合一】选项，如图 2-23 所示。

图 2-23

第 2 步 弹出【双行合一】对话框，保持默认设置，单击【确定】按钮，如图 2-24 所示。

图 2-24

第 3 步 返回到文档，可以看到被选中的文本已经变为双行显示，如图 2-25 所示。

■ 经验之谈

如果需要设置"双行合一"效果文字的大小、颜色和字体等，可以选中双行文字，直接在【开始】菜单中的【字体】组中进行设置；如果需要设置"双行合一"效果文字的间距，单击【字体】组中的对话框开启按钮，打开【字体】对话框，选择【高级】选项卡，设置【间距】选项参数即可。

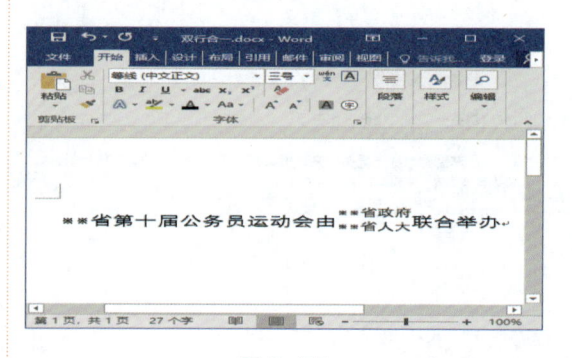

图 2-25

2.2.4 设置段前自动分页

本节将制作设置段前自动分页的案例。本案例需要通过【段落】对话框来实现，可以应用在需要段前自动分页的工作场景。

<< 扫码获取配套视频课程，本节视频课程播放时长约为 27 秒。

操作步骤

第 1 步 打开名为"员工手册"的文档，将光标定位在需要分页的段落前面，❶ 在【开始】菜单中单击【段落】下拉按钮，❷ 单击对话框开启按钮，如图 2-26 所示。

第 2 步 弹出【段落】对话框，❶ 选择【换行和分页】选项卡，❷ 勾选【段前分页】复选框，❸ 单击【确定】按钮，如图 2-27 所示。

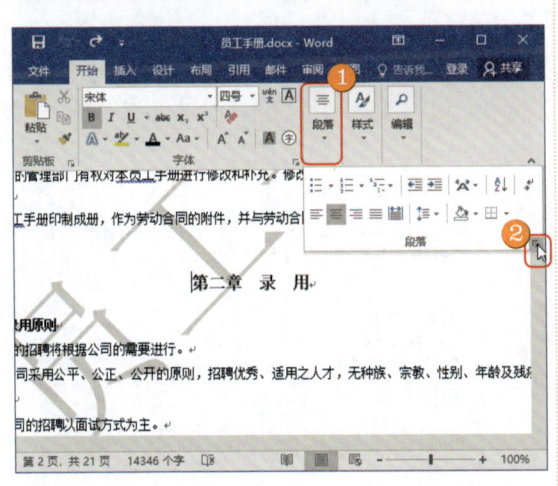

图 2-26

图 2-27

第 3 步 返回到文档，可以看到"第二章"开头的内容跳到了下一页开头，如图 2-28 所示。

图 2-28

经验之谈

在【段落】对话框中的【换行和分页】选项卡下，除了【段前分页】之外，用户还可以根据需要选择【孤行控制】、【与下段同页】、【段中不分页】复选框。

繁琐工作快上手
短视频学 Word 极简办公

知识拓展：打开【段落】对话框的不同方式

除了单击【段落】组中的对话框开启按钮打开【段落】对话框之外，用户也可以右击，在弹出的快捷菜单中选择【段落】菜单项打开【段落】对话框。

2.2.5 设置在同一页显示完整的段落

制作文档时，由于版面问题使一些段落被分为两部分显示在两页上，如果需要段落都显示在一页里，可以在【段落】文本框中进行设置。

<< 扫码获取配套视频课程，本节视频课程播放时长约为 28 秒。

操作步骤

第1步 打开名为"管理制度"的文档，选中段落，❶在【开始】菜单中单击【段落】下拉按钮，❷单击对话框开启按钮，如图 2-29 所示。

第2步 弹出【段落】对话框，❶选择【换行和分页】选项卡，❷勾选【段中不分页】复选框，❸单击【确定】按钮，如图 2-30 所示。

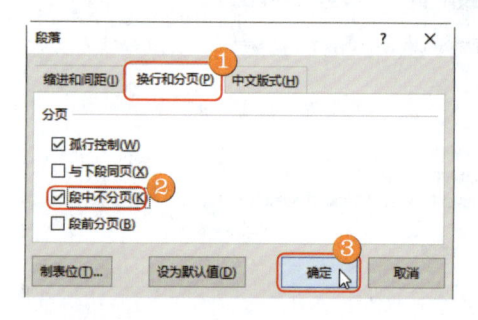

图 2-30

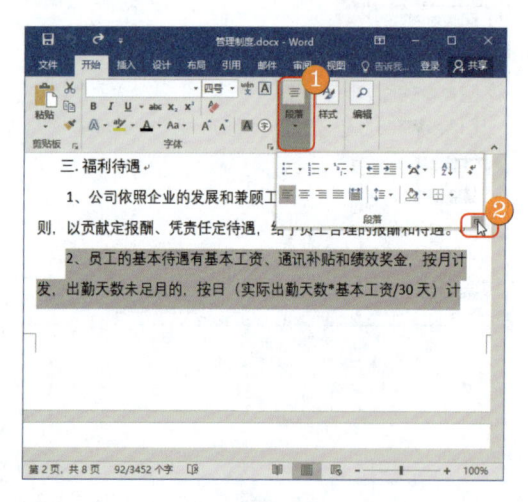

图 2-29

第3步 返回到文档，可以看到选中的段落整体下移一页，在一页中显示完整，如图 2-31 所示。

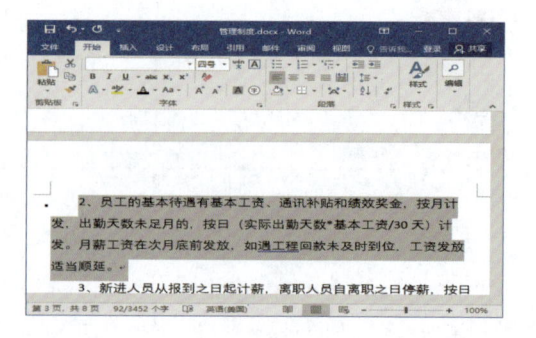

图 2-31

2.3 使用项目符号和编号

在编辑文档时,需要对段落格式进行设置,段落格式的设置包括段落的对齐方式、段落的缩进、段落间距和行距等。设置段落格式可以使文档结构清晰,层次分明。

2.3.1 为文本添加项目符号

本节将制作为文本添加项目符号的案例。本案例需要执行【定义新项目符号】命令来实现,可以应用在需要为文本添加项目符号的工作场景。

<< 扫码获取配套视频课程,本节视频课程播放时长约为38秒。

操作步骤

第1步 打开名为"添加项目符号"的文档,选中段落,❶在【开始】菜单中单击【段落】下拉按钮,❷单击【项目符号】下拉按钮,❸选择【定义新项目符号】选项,如图2-32所示。

第2步 弹出【定义新项目符号】对话框,单击【符号】按钮,如图2-33所示。

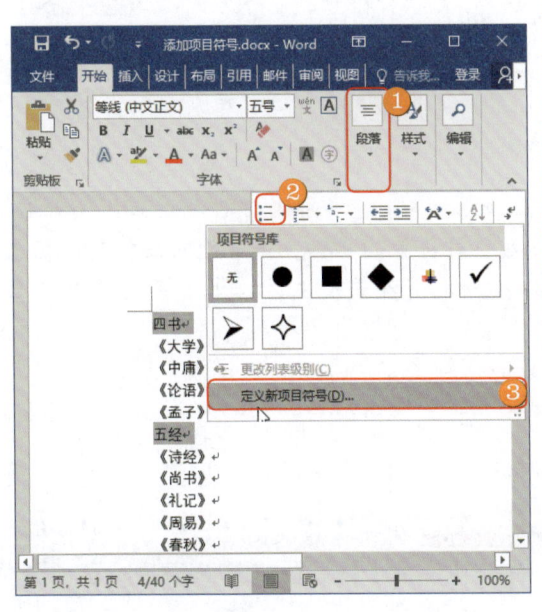

图 2-32

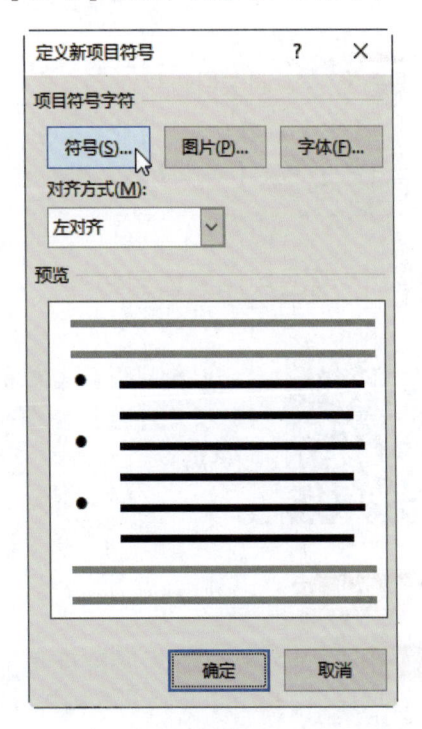

图 2-33

繁琐工作快上手
短视频学 Word 极简办公

第3步　弹出【符号】对话框，❶在列表中单击选择一个符号，❷单击【确定】按钮，如图2-34所示。

第4步　返回【定义新项目符号】对话框，单击【确定】按钮，返回到文档中，可以看到选中的段落段首已经添加了项目符号，如图2-35所示。

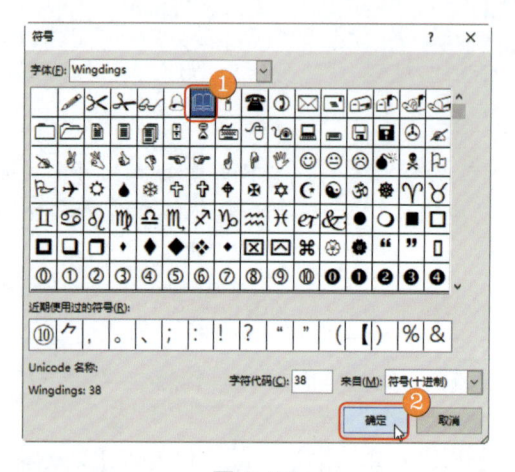

图2-34

图2-35

知识拓展：设置项目符号对齐方式

在【定义新项目符号】对话框中，用户还可以设置项目符号的对齐方式，如【左对齐】、【右对齐】以及【居中】。

2.3.2　使用图片作为项目符号

本节将制作使用图片作为项目符号的案例。本案例需要执行【定义新项目符号】命令来实现，可以应用在需要图片作为项目符号的工作场景。

＜＜扫码获取配套视频课程，本节视频课程播放时长约为40秒。

▼ 操作步骤

第1步　打开名为"图片项目符号"的文档，选中段落，❶在【开始】菜单中单击【段落】下拉按钮，❷单击【项目符号】下拉按钮，❸选择【定义新项目符号】选项，如图2-36所示。

第2步　弹出【定义新项目符号】对话框，单击【图片】按钮，如图2-37所示。

36

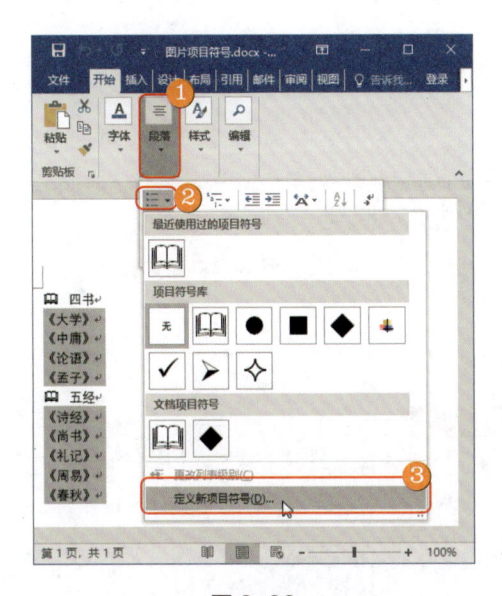

图 2-36

第 3 步 弹出【插入图片】对话框，单击【从文件】选项右侧的【浏览】按钮，如图 2-38 所示。

图 2-38

第 5 步 返回到文档中，可以看到选中的段落段首已经添加了项目符号，如图 2-40 所示。

■ 经验之谈

用户还可以将字体设为项目符号，在【定义新项目符号】对话框中单击【字体】按钮，弹出【字体】对话框，即可对字体进行设置。

图 2-37

第 4 步 弹出【插入图片】对话框，①单击选中图片，②单击【插入】按钮，如图 2-39 所示。

图 2-39

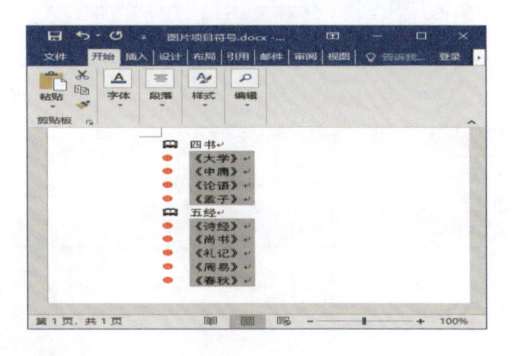

图 2-40

繁琐工作快上手
短视频学 Word 极简办公

2.3.3 插入编号

> 本节将制作插入编号的案例。本案例需要通过【定义新编号格式】对话框来实现。如果一组同类型段落有先后关系，或者需要对并列关系的段落进行数量统计，则可以使用编号功能。
>
> << 扫码获取配套视频课程，本节视频课程播放时长约为 26 秒。

操作步骤

第 1 步 打开名为"人事管理制度"的文档，选中段落，❶在【开始】菜单中单击【段落】下拉按钮，❷单击【编号】下拉按钮，❸选择【定义新编号格式】选项，如图 2-41 所示。

第 2 步 弹出【定义新编号格式】对话框，❶在【编号样式】列表中选择样式，❷单击【确定】按钮，如图 2-42 所示。

图 2-41

图 2-42

第 3 步 返回到文档中，可以看到选中的段落添加了编号，如图 2-43 所示。

■ **经验之谈**

在【定义新编号格式】对话框中单击【字体】按钮，即可对字体进行设置。

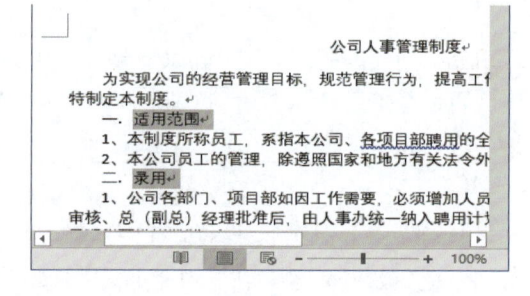

图 2-43

2.3.4 关闭自动编号功能

本节将讲解关闭自动编号功能的案例。本案例需要通过【Word 选项】对话框来实现，适用于当已经输入了一个编号后，按回车键不想自动显示下一编号的工作场景。

<< 扫码获取配套视频课程，本节视频课程播放时长约为 37 秒。

操作步骤

第 1 步 单击【文件】菜单，如图 2-44 所示。

第 2 步 进入 Backstage 视图，选择【选项】选项卡，如图 2-45 所示。

图 2-44

图 2-45

第 3 步 弹出【Word 选项】对话框，❶选择【校对】选项卡，❷单击【自动更正选项】按钮，如图 2-46 所示。

第 4 步 弹出【自动更正】对话框，❶选择【键入时自动套用格式】选项卡，❷取消勾选【自动编号列表】复选框，❸单击【确定】按钮即可关闭自动编号功能，如图 2-47 所示。

图 2-46

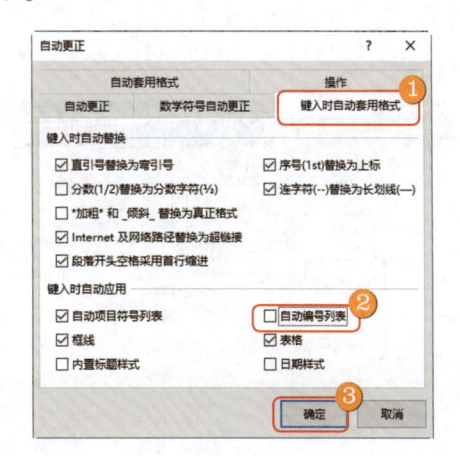

图 2-47

> **知识拓展**：取消自动添加项目符号列表功能
>
> 在【自动更正】对话框中，用户还可以取消自动添加项目符号列表功能，同样是选择【键入时自动套用格式】选项卡，取消勾选【自动项目符号列表】复选框即可。

2.4 分页符与分节符

分节符是指表示节的结尾插入的标记，分节符起着分隔其前面文本格式的作用。分页符是分页的一种符号，用来标记一页的终止并开始下一页。

2.4.1 插入分页符

本节将制作为文本插入分页符的案例。本案例需要执行【布局】→【页面设置】→【分隔符】→【分页符】命令，可以应用在需要为文本分页的工作场景。

<< 扫码获取配套视频课程，本节视频课程播放时长约为 22 秒。

操作步骤

第 1 步 打开名为"分页符"的文档，将光标定位在"第二章"开头，❶单击【布局】选项卡，❷在【页面设置】组中单击【分隔符】下拉按钮，❸选择【分页符】选项，如图 2-48 所示。

第 2 步 可以看到从"第二章"开始的内容显示到下一页，通过以上步骤即可完成插入分页符的操作，如图 2-49 所示。

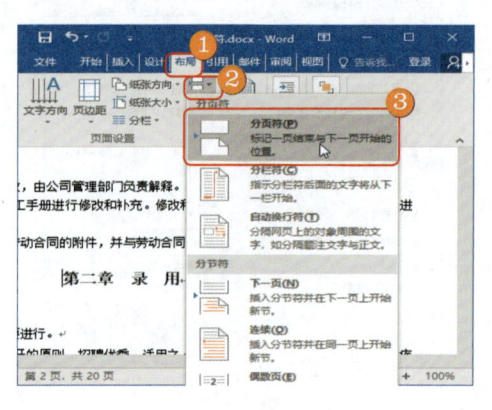

图 2-48

图 2-49

2.4.2 插入分节符

本节将制作为文本插入分节符的案例。本案例需要执行【布局】→【页面设置】→【分隔符】→【分节符】命令，可以应用在需要为文本分节的工作场景。

<< 扫码获取配套视频课程，本节视频课程播放时长约为 24 秒。

▼ 操作步骤

第 1 步 打开名为"分节符"的文档，将光标定位在"第三章"开头，❶单击【布局】选项卡，❷在【页面设置】组中单击【分隔符】下拉按钮，❸选择【分节符】选项，再选择【偶数页】选项，如图 2-50 所示。

第 2 步 可以看到从"第三章"开始的内容显示到下一个偶数页，通过以上步骤即可完成插入分节符的操作，如图 2-51 所示。

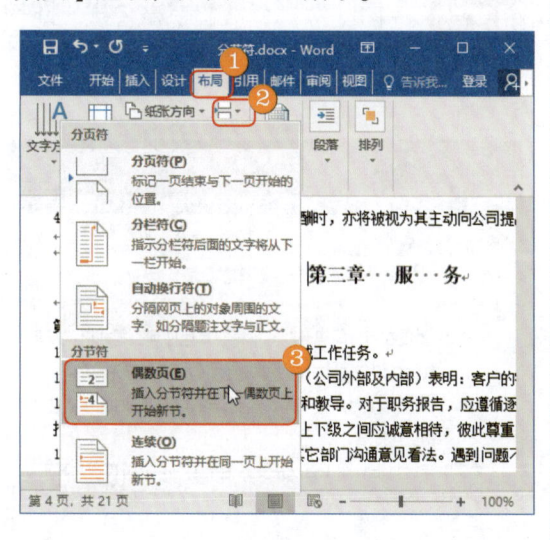

图 2-50

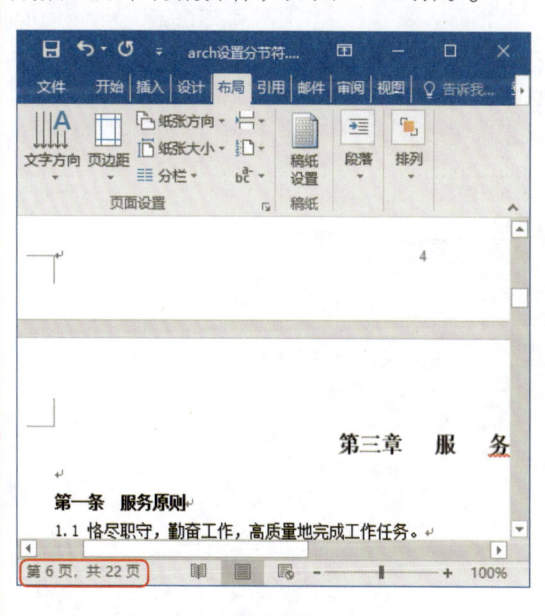

图 2-51

2.4.3 删除分节符

Word 默认是不显示分节符和分页符的，想要删除分节符，就需要先将分节符显示出来，执行【文件】→【选项】命令，打开【Word 选项】对话框，可以设置显示分节符。

<< 扫码获取配套视频课程，本节视频课程播放时长约为 30 秒。

> 操作步骤

第1步 单击【文件】菜单,如图2-52所示。

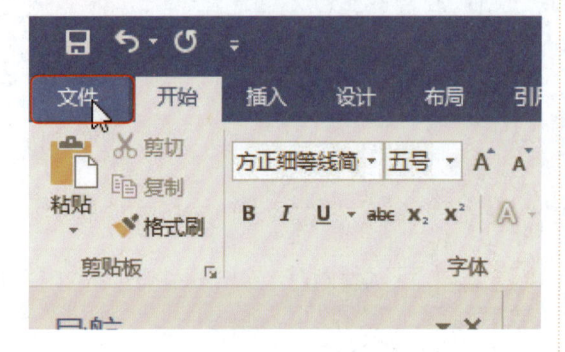

图 2-52

第2步 进入Backstage视图,选择【选项】选项卡,如图2-53所示。

图 2-53

第3步 弹出【Word选项】对话框,❶选择【显示】选项卡,❷勾选【显示所有格式标记】复选框,❸单击【确定】按钮,如图2-54所示。

图 2-54

第4步 返回文档,分节符显示出来,将光标定位在分节符前面,如图2-55所示。按Delete键即可删除。

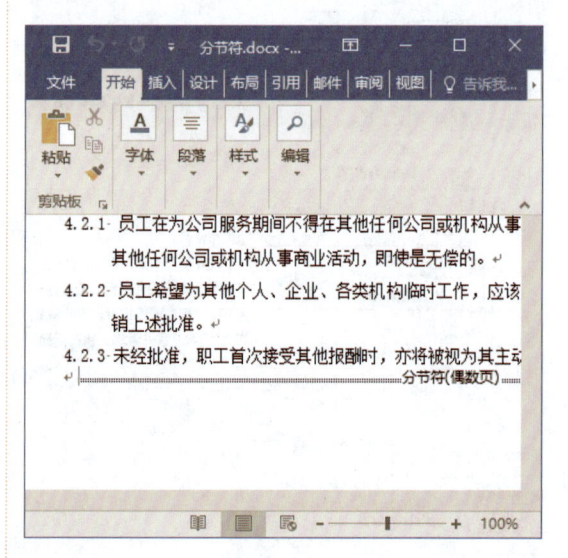

图 2-55

> 知识拓展:分栏符

　　用户还可以为文档插入分栏符,定位光标在准备分栏的段落,选择【布局】菜单项,在【页面设置】组中单击【分隔符】下拉按钮,选择【分栏符】选项,即可对段落进行分栏。

第 3 章
Word 页面布局与打印

本章主要介绍文档页面布局、添加页眉和页脚、使用样式和使用主题的操作与技巧，同时讲解打印文档方面的知识。通过本章的学习，读者可以掌握 Word 页面布局与打印的技巧，为深入学习 Word 奠定基础。

用手机扫描二维码
获取本章学习素材

3.1 文档页面布局

文档编辑完成后，用户可以对文档进行简单的页面设置，如设置页边距、纸张大小，或者为文档添加行号等。本节将介绍文档页面布局的各种操作技巧。

3.1.1 设置页边距和纸张大小

本节将制作设置页边距和纸张大小的案例。本案例需要依次执行【布局】→【页面设置】→【页边距】/【纸张大小】命令，可以应用在打印前需要设置页边距和纸张大小的工作场景。

<< 扫码获取配套视频课程，本节视频课程播放时长约为 23 秒。

操作步骤

第 1 步 打开名为"商业计划书"的文档，❶单击【布局】菜单，❷在【页面设置】组中单击【页边距】下拉按钮，❸选择【窄】选项，如图 3-1 所示。

第 2 步 可以看到页边距已经变窄，❶单击【布局】菜单，❷选择在【页面设置】组中单击【纸张大小】下拉按钮，❸选择【A4】选项，如图 3-2 所示。

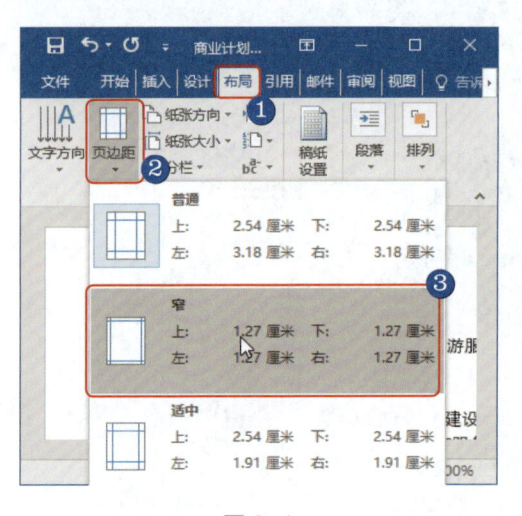

图 3-1

图 3-2

知识拓展：其他纸张大小的设置

正规的文档都是使用 A4 纸张进行打印，如果用户需要制作一些特殊的文档，那么用户可以选择【其他纸张大小】命令，在【页面设置】对话框中进行具体设置。

3.1.2 改变文档的垂直对齐方式

本节将制作改变文档垂直对齐方式的案例。本案例的效果需要在【页面设置】对话框中来实现，可以应用在需要改变文档垂直对齐方式的工作场景。

<< 扫码获取配套视频课程，本节视频课程播放时长约为 30 秒。

操作步骤

第 1 步 打开名为"改变垂直对齐方式"的文档，❶单击【布局】菜单，❷在【页面设置】组中单击对话框开启按钮，如图 3-3 所示。

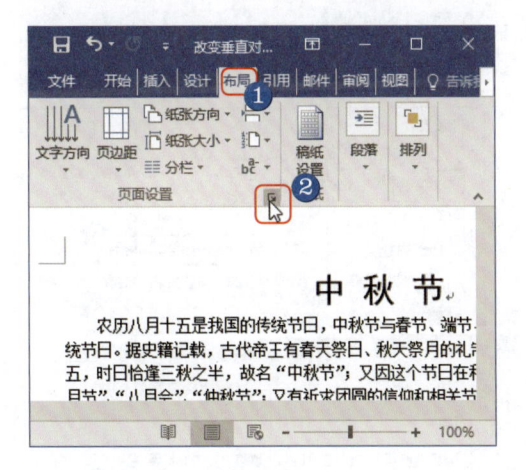

图 3-3

第 2 步 弹出【页面设置】对话框，❶选择【版式】选项卡，❷单击【垂直对齐方式】下拉按钮，选择【居中】选项，❸单击【确定】按钮，如图 3-4 所示。

图 3-4

第 3 步 返回到文档，可以看到文本已经居中显示，如图 3-5 所示。

■ **经验之谈**

在【垂直对齐方式】下拉列表中，包括【顶端对齐】、【居中】、【两端对齐】以及【底端对齐】4 种对齐方式，用户可以根据需要进行选择。

图 3-5

繁琐工作快上手
短视频学 Word 极简办公

3.1.3 自定义每页行数和每行字符数

本节将讲解自定义每页行数和每行字符数的案例。本案例需要在【页面设置】对话框中来实现，可以应用在需要修改每页行数和每行字符数的工作场景。

<< 扫码获取配套视频课程，本节视频课程播放时长约为 34 秒。

▼ 操作步骤

第 1 步 新建空白文档，❶单击【布局】菜单，❷在【页面设置】组中单击对话框开启按钮，如图 3-6 所示。

第 2 步 弹出【页面设置】对话框，❶选择【文档网格】选项卡，❷选中【指定行和字符网格】单选按钮，❸设置每行的字符数和每页的行数，❹单击【确定】按钮即可完成操作，如图 3-7 所示。

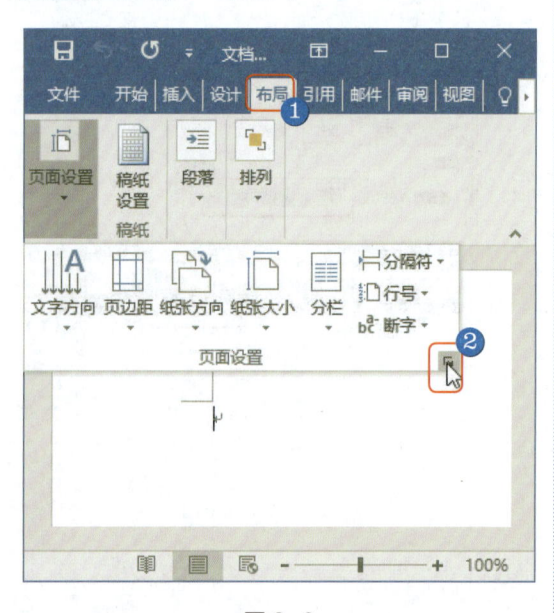

图 3-6

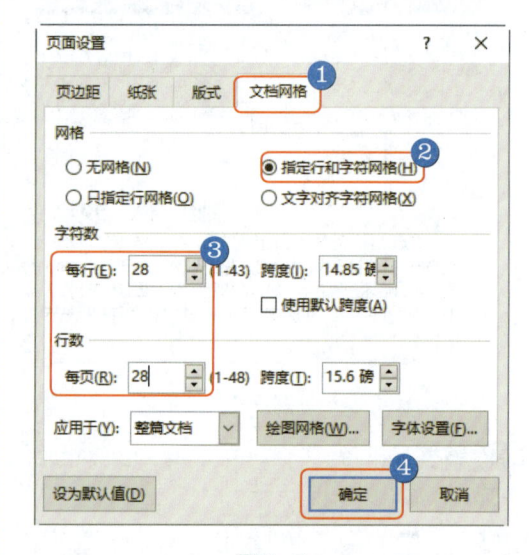

图 3-7

知识拓展：设置纸张方向

用户还可以设置纸张的方向，纸张方向一般分为横向和纵向两种，单击【布局】菜单，在【页面设置】组中单击【纸张方向】下拉按钮，在弹出的列表中选择即可。通常打印的文档要求纸张是纵向的，有时也会选择横向纸张，例如，一个很宽的表格，采用横向打印可以确保表格中的所有列显示完整。

3.1.4 为文档添加行号

本节将制作为文档添加行号的案例。本案例需要在【页面设置】对话框中来实现，可以应用在需要为文档添加行号的工作场景。

<< 扫码获取配套视频课程，本节视频课程播放时长约为 39 秒。

操作步骤

第 1 步 打开名为"添加行号"的文档，❶单击【布局】菜单，❷在【页面设置】组中单击【行号】下拉按钮，选择【行编号选项】选项，如图 3-8 所示。

图 3-8

第 3 步 弹出【行号】对话框，❶设置参数，❷单击【确定】按钮，如图 3-10 所示。

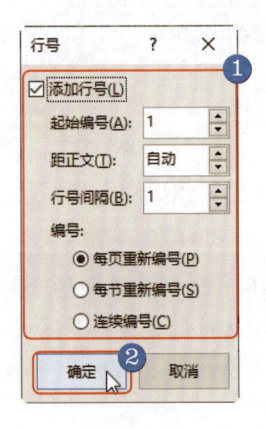

图 3-10

第 2 步 弹出【页面设置】对话框，在【版式】选项卡中单击【行号】按钮，如图 3-9 所示。

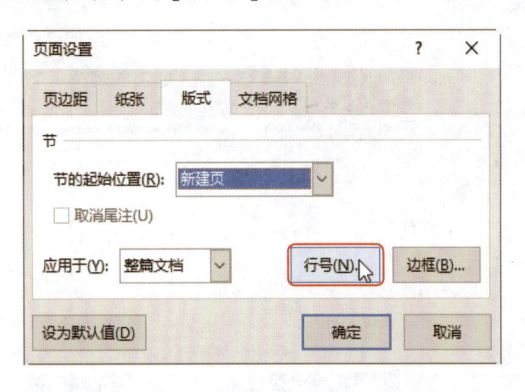

图 3-9

第 4 步 返回【页面设置】对话框，单击【确定】按钮返回到文档，可以看到文档中每行都添加了行号，如图 3-11 所示。

图 3-11

3.1.5 建立稿纸格式文档

本节将制作建立稿纸格式文档的案例。本案例需要使用【告知设置】功能来实现，可以应用在需要稿纸样式输入文字的工作场景。

<< 扫码获取配套视频课程，本节视频课程播放时长约为 31 秒。

操作步骤

第1步 新建空白文档，❶单击【布局】菜单，❷在【稿纸】组中单击【稿纸设置】按钮，如图 3-12 所示。

图 3-12

第2步 弹出【稿纸设置】对话框，❶在【网格】区域中设置【格式】为【方格式稿纸】选项，❷设置【行数×列数】为【20×25】选项，❸单击【确认】按钮，如图 3-13 所示。

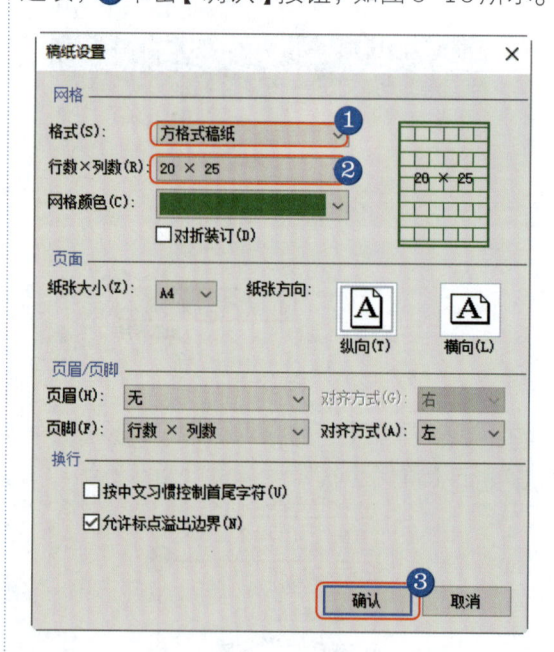

图 3-13

第3步 返回到文档，文档已经添加了稿纸格，如图 3-14 所示。

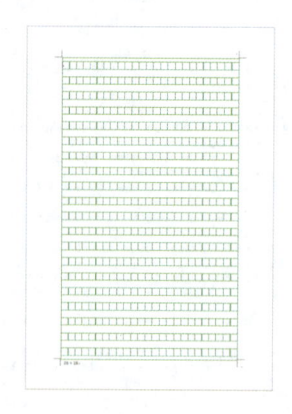

图 3-14

■ 经验之谈

用户还可以设置稿纸格子的颜色，在【稿纸设置】对话框的【网格】区域下，单击【网格颜色】下拉按钮，在弹出的颜色库中可以设置颜色。

知识拓展

Word 为用户提供了多种纸张大小格式，方便用户在打印时进行选择，包括信纸、法律专用纸、A3、A4、A5、B4、B5、16 开、32 开、大 32 开，以及 Executive 等。如果这些都不能满足用户的工作需要，还可以自定义纸张大小。

3.2　添加页眉和页脚

页眉是指位于打印纸顶部的说明信息，页脚是指位于打印纸底部的说明信息。页眉和页脚的内容可以是页码，也允许输入其他信息，如将文章的标题作为页眉内容，或将公司的徽标插入页眉中。

3.2.1　为文档插入页眉

本节将制作为文档插入页眉的案例。本案例需要执行【插入】→【页眉和页脚】→【页眉】命令，可以应用在需要设置页眉的工作场景。

<< 扫码获取配套视频课程，本节视频课程播放时长约为 29 秒。

操作步骤

第 1 步　打开名为"招标文件"的文档，❶单击【插入】菜单，❷在【页眉和页脚】组中单击【页眉】下拉按钮，❸在弹出的样式库中选择一种样式，如图 3-15 所示。

第 2 步　进入页眉编辑状态，❶在页眉处删除例子文本，输入内容，❷单击【关闭页眉和页脚】按钮，如图 3-16 所示。

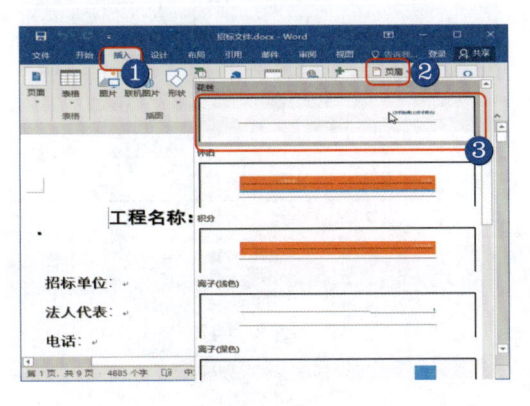

图 3-15

图 3-16

繁琐工作快上手
短视频学 Word 极简办公

第3步 文档已经添加了页眉，如图3-17所示。

■ 经验之谈

如果用户觉得样式库中的页眉样式不能满足工作需要，那么也可以自己设置页眉样式，单击【页眉】下拉按钮，选择【编辑页眉】选项。

图 3-17

3.2.2 为文档插入页脚

本节将制作为文档插入页脚的案例。本案例需要执行【插入】→【页眉和页脚】→【页脚】命令，可以应用在需要设置页脚的工作场景。

<< 扫码获取配套视频课程，本节视频课程播放时长约为30秒。

■ 操作步骤

第1步 打开名为"插入页脚"的文档，❶单击【插入】菜单，❷在【页眉和页脚】组中单击【页脚】下拉按钮，❸在弹出的样式库中选择一种样式，如图3-18所示。

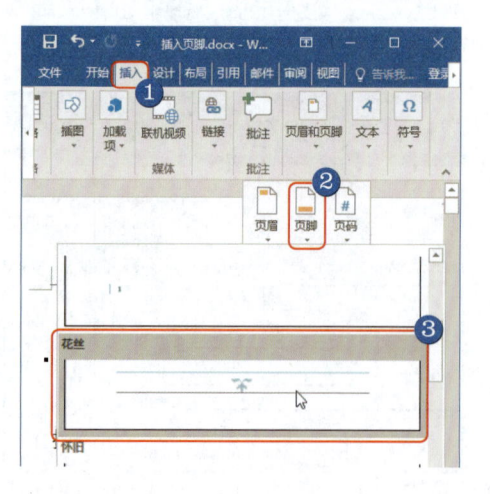

图 3-18

第2步 进入页脚编辑状态，❶输入内容，❷单击【关闭页眉和页脚】按钮，如图3-19所示。

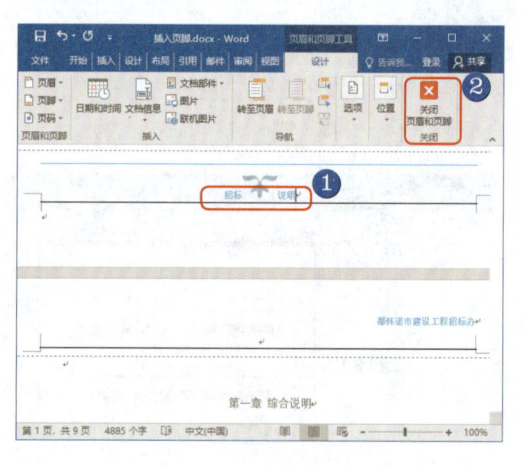

图 3-19

50

第 3 步 文档已经添加了页脚，如图 3-20 所示。

■ 经验之谈

如果用户觉得样式库中的页脚样式不能满足工作需要，也可以自己设置页脚样式，单击【页脚】下拉按钮，选择【编辑页脚】选项。

图 3-20

3.2.3 在页眉中插入图片

页眉和页脚处不仅可以输入文字，还可以插入图片。本节将制作在页眉中插入图片的案例。本案例需要执行【插入】→【页眉和页脚】→【页眉】命令，可以应用在需要设置页眉的工作场景。

＜＜ 扫码获取配套视频课程，本节视频课程播放时长约为 45 秒。

▼ 操作步骤

第 1 步 打开名为"招标文件"的文档，❶单击【插入】菜单，❷在【页眉和页脚】组中单击【页眉】下拉按钮，❸选择【编辑页眉】选项，如图 3-21 所示。

图 3-21

第 2 步 ❶单击【设计】菜单，❷单击【插入】下拉按钮，❸选择【图片】选项，如图 3-22 所示。

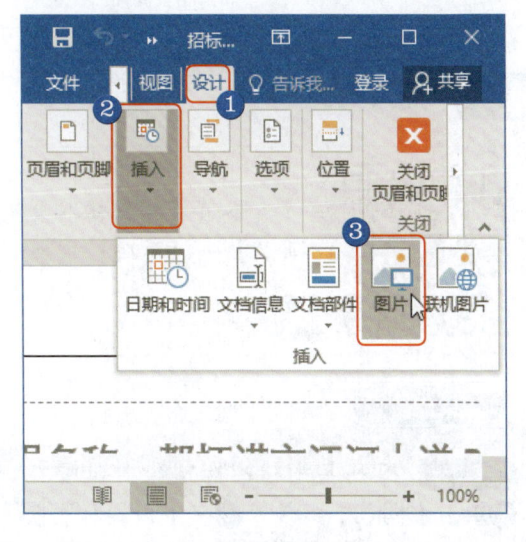

图 3-22

第3步　弹出【插入图片】对话框，❶选中图片，❷单击【插入】按钮，如图3-23所示。

第4步　页眉的位置已经插入了图片，如图3-24所示。在页脚中插入图片的方法与在页眉中插入图片的方法相似，这里不再赘述。

图 3-23

图 3-24

知识拓展

为文档设置页眉和页脚时，用户可以在【设计】菜单中勾选【首页不同】和【奇偶页不同】复选框，然后根据系统的提示在不同位置输入不同的页眉和页脚，这样可以为文档的首页、奇数页和偶数页设置不同的页眉和页脚。

3.2.4　插入页码

本节将制作插入页码的案例。本案例需要执行【插入】→【页眉和页脚】→【页码】命令，可以应用在需要设置页码的工作场景。

<< 扫码获取配套视频课程，本节视频课程播放时长约为32秒。

操作步骤

第1步　打开名为"招标文件"的文档，❶单击【插入】菜单，❷在【页眉和页脚】组中单击【页码】下拉按钮，❸选择【页面底端】选项，❹选择一种样式，如图3-25所示。

第2步　可以看到在页面底端的位置从第1页开始已经输入了页码1，单击【关闭页眉和页脚】按钮即可完成插入页码的操作，如图3-26所示。

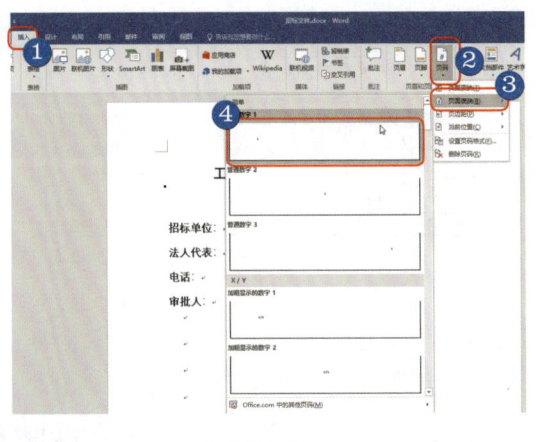

图 3-25

图 3-26

3.2.5 设置起始页

如果起始页码不是默认的 1，用户需要自己进行设置。本节将制作设置起始页码的案例。本案例需要通过【页码格式】对话框来完成，可以应用在需要设置起始页码的文档中。

<< 扫码获取配套视频课程，本节视频课程播放时长约为 32 秒。

操作步骤

第 1 步 打开名为"设置起始页码"的文档，❶单击【插入】菜单，❷在【页眉和页脚】组中单击【页码】下拉按钮，❸选择【设置页码格式】选项，如图 3-27 所示。

第 2 步 弹出【页码格式】对话框，❶在【起始页码】微调框中输入 3，❷单击【确定】按钮，如图 3-28 所示。

图 3-27

图 3-28

第3步 返回到文档中，可以看到第1页的页码从3开始，如图3-29所示。

■ 经验之谈

在【页码格式】对话框中，用户也可以单击【续前节】单选按钮，接着上一节的页码连续设置页码。

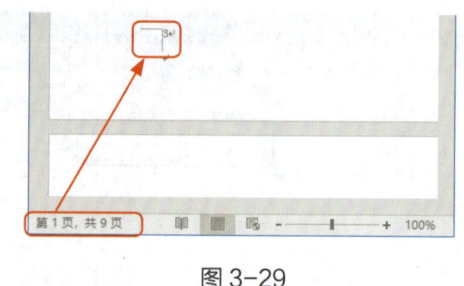

图 3-29

3.3 使用样式

样式是字体格式和段落格式的集合。在对长文本的排版中，用户可以使用样式对相同样式的文本进行样式套用，从而提高排版效率。

3.3.1 快速使用现有的样式

Word 内置了很多样式，用户可以直接使用到文档中。本节将制作快速使用现有样式的案例。本案例需要通过【样式】窗格来完成，可以适用于需要快速套用样式的工作场景。

<< 扫码获取配套视频课程，本节视频课程播放时长约为23秒。

▼ 操作步骤

第1步 打开名为"员工守则"的文档，❶单击【开始】菜单，❷单击【样式】下拉按钮，❸单击对话框开启按钮，如图3-30所示。

图 3-30

第2步 打开【样式】窗格，将光标定位在第1行行首位置，在窗格中单击【标题1】样式，如图3-31所示。

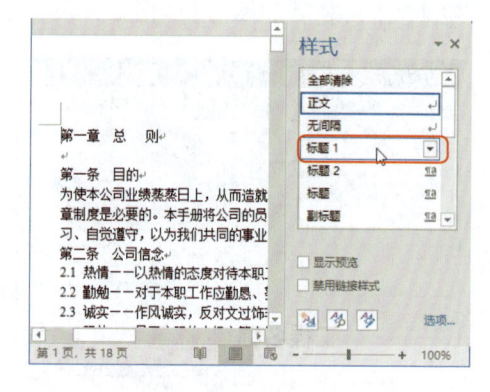

图 3-31

第 3 章
Word 页面布局与打印

第 3 步 可以看到第一段文本已经应用了【标题1】样式，如图 3-32 所示。

■ 经验之谈

如果要使用字符类型的样式，可以在文档中选择要套用样式的文本块；如果要应用段落类型的样式，只需要将光标定位到要设置的段落范围内即可。

图 3-32

3.3.2 创建新样式

当 Word 内置的样式不能满足工作需要时，用户可以创建新样式。本节将制作创建新样式的案例。本案例需要通过【根据格式设置创建新样式】对话框来完成，可以适用于需要创建新样式的工作场景。

<< 扫码获取配套视频课程，本节视频课程播放时长约为 53 秒。

■ 操作步骤

第 1 步 打开名为"员工守则"的文档，在【样式】窗格中单击【新建样式】按钮，如图 3-33 所示。

第 2 步 打开【根据格式设置创建新样式】对话框，设置参数如图 3-34 所示。

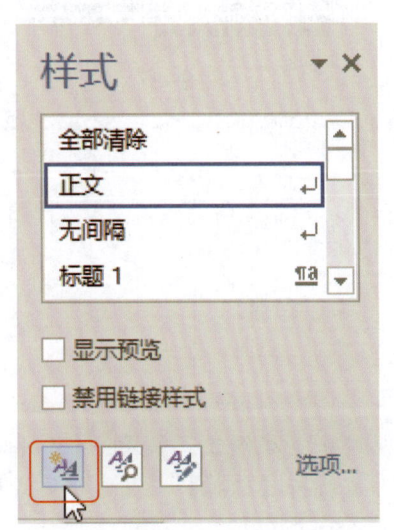

图 3-33

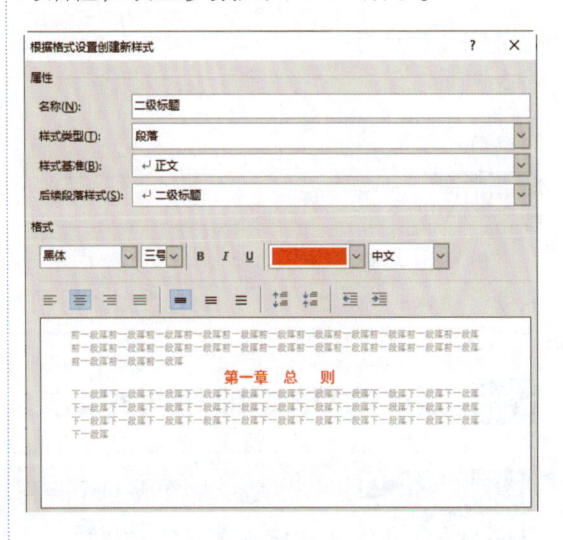

图 3-34

55

第 3 步 ❶在对话框底部单击【格式】下拉按钮，❷选择【段落】选项，如图 3-35 所示。

第 4 步 弹出【段落】对话框，选择【缩进和间距】选项卡，❶在【间距】区域设置【段前】和【段后】都为【1 行】，❷单击【确定】按钮，如图 3-36 所示。

图 3-35

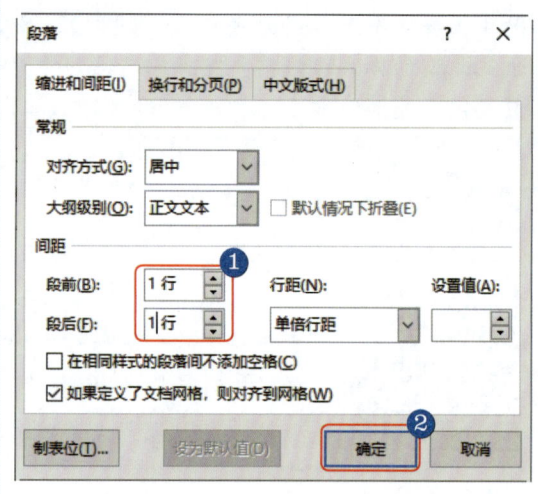

图 3-36

第 5 步 返回【根据格式设置创建新样式】对话框，单击【确定】按钮，返回到文档中，可以看到光标所在的第 1 段已经应用了新建的"二级标题"样式，如图 3-37 所示。

图 3-37

知识拓展：修改样式

如果要修改样式，在【样式】窗格中右击样式名称，在弹出的快捷菜单中选择【修改】菜单项，打开【修改样式】对话框，即可对样式进行修改。

3.3.3 通过样式选择相同格式的文本

在文档中使用了一种样式，想统一重新修改，如果一个个选中，然后修改是非常麻烦的，这时用户可以执行【选择】→【选择格式相似的文本】命令，可以同时选中相同格式的文本。

<< 扫码获取配套视频课程，本节视频课程播放时长约为 19 秒。

将光标定位在准备选择的段落内，❶在【开始】菜单中单击【编辑】下拉按钮，❷单击【选择】下拉按钮，❸选择【选择格式相似的文本】选项，即可将文档中所有与光标所在段落格式一样的文本选中，如图 3-38 和图 3-39 所示。

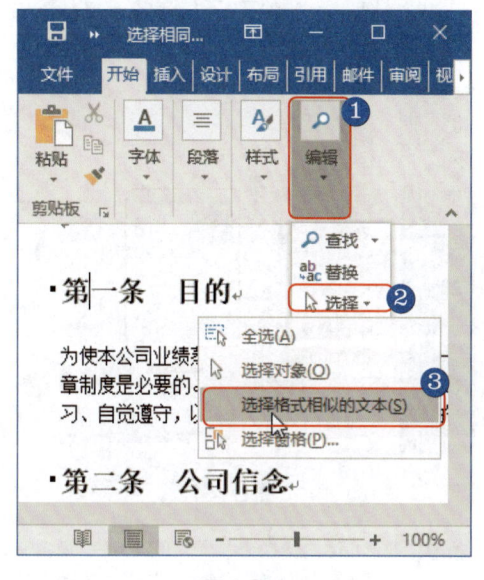

图 3-38

图 3-39

3.4 使用模板

Word 模板是指 Microsoft Word 中内置的包含固定格式设置和版式设置的模板文件，用于帮助用户快速生成特定类型的 Word 文档。例如，在 Word 2016 中除了通用型的空白文档模板之外，还内置了多种文档模板，如传单模板、信函模板、教育模板等。另外，Office 网站还提供了证书、奖状、名片、简历等特定功能模板，借助这些模板，用户可以创建比较专业的 Word 文档。

3.4.1 通过模板制作简历

本节将制作通过模板制作简历的案例。本案例需要执行【新建】命令来完成，可以适用于需要快速套用简历模板的工作场景。

<< 扫码获取配套视频课程，本节视频课程播放时长约为 30 秒。

操作步骤

第 1 步 启动 Word 程序，在启动界面中单击 Word 推荐的模板类型"简历和求职信"，如图 3-40 所示。

第 2 步 进入【新建】页面，显示 Word 提供的简历模板，单击一个模板，如图 3-41 所示。

图 3-40

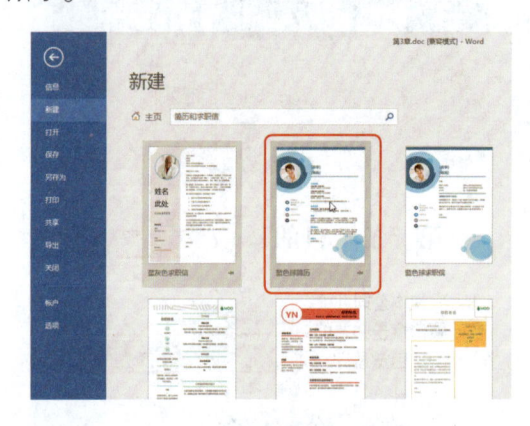

图 3-41

第 3 步 弹出【创建】对话框，单击【创建】按钮，如图 3-42 所示。

第 4 步 Word 创建了一个简历模板，其中的内容可以根据自身的实际情况来填写，如图 3-43 所示。

图 3-42

图 3-43

3.4.2 通过模板创建书法字帖

本节将制作通过模板创建书法字帖的案例。本案例需要执行【新建】命令来完成，可以适用于需要快速套用书法字帖模板的工作场景。

<< 扫码获取配套视频课程，本节视频课程播放时长约为 37 秒。

操作步骤

第1步 启动 Word 程序，在启动界面中单击 Word 推荐的模板类型"书法字帖"，如图 3-44 所示。

第2步 弹出【增减字符】对话框，在左侧【可用字符】列表框中选择文字，单击【添加】按钮，即可将其添加到右侧的【已用字符】列表中，添加完成后单击【关闭】按钮，如图 3-45 所示。

图 3-44

图 3-45

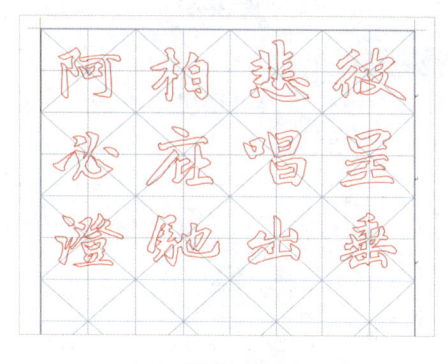

图 3-46

第3步 Word 已经创建了一个书法字帖，如图 3-46 所示。

3.4.3 使用模板创建日历文档

本节将制作通过模板创建日历的案例。本案例需要执行【新建】命令来完成，可以适用于需要快速套用日历模板的工作场景。

<< 扫码获取配套视频课程，本节视频课程播放时长约为 35 秒。

繁琐工作快上手
短视频学 Word 极简办公

▼ 操作步骤

第1步 启动 Word 程序，在启动界面中的搜索框中输入"日历"，单击【搜索】按钮，得到日历模板搜索结果，单击选择一个模板，如图 3-47 所示。

第2步 弹出【创建】对话框，单击【创建】按钮，如图 3-48 所示。

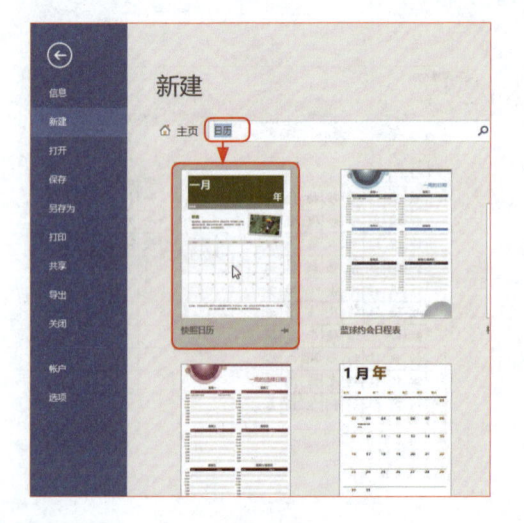

图 3-47

图 3-48

第3步 弹出【选择日历日期】对话框，❶ 选择月份和年份，❷ 单击【确定】按钮，如图 3-49 所示。

第4步 Word 已经创建了一个 2021 年 10 月份的日历，如图 3-50 所示。

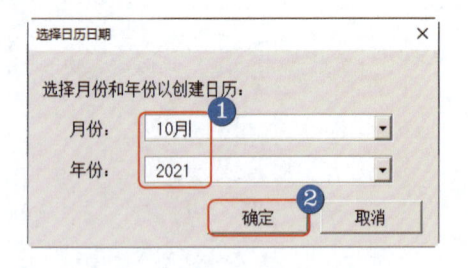

图 3-49

图 3-50

▼ 知识拓展

如果要修改日历的年份和月份，在 Calendar 中单击 Select New Dates 按钮，即可弹出【选择日历日期】对话框，进行选择即可；或者按 Shift+Alt+Enter 组合键，也可打开【选择日历日期】对话框。

3.4.4 使用自定义模板创建文档

本节将制作使用自定义模板创建文档的案例。本案例需要执行【另存为】命令来完成，可以适用于自己需要建立模板的工作场景。

<< 扫码获取配套视频课程，本节视频课程播放时长约 46 秒。

操作步骤

第 1 步 打开名为"求职简历"的文档，单击【文件】菜单，如图 3-51 所示。

图 3-51

第 2 步 进入 Backstage 视图，选择【另存为】选项，如图 3-52 所示。

图 3-52

第 3 步 弹出【另存为】对话框，❶在【保存类型】下拉列表中选择【启用宏的 Word 模板】选项，❷保持默认的保存路径，在【文件名】文本框中输入名称，❸单击【保存】按钮，如图 3-53 所示。

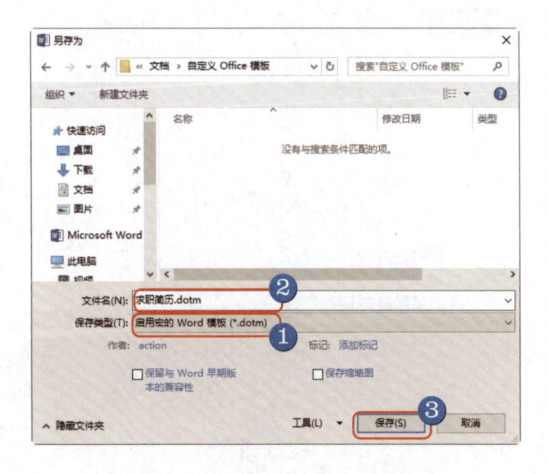

图 3-53

第 4 步 执行【文件】→【新建】命令，进入新建界面，❶选择【个人】选项，可以看到刚刚创建的模板，❷单击该模板，如图 3-54 所示。

图 3-54

第 5 步 Word 新建了一个刚刚保存的文档模板，如图 3-55 所示。

■ 经验之谈

默认情况下，Word 模板路径位置：C:\Users\acer\AppData\Roaming\Microsoft\Templates。任意打开一个文件夹，然后将文件路径粘贴后按回车键，即可打开 Word 模板所在的文件夹。

图 3-55

3.5 使用主题

Word 文档的主题就是文档的页面背景、效果和字体一整套的内容，用户可以自定义编辑，也可以使用 Word 自带的主题。

3.5.1 为文档设置主题

本节将制作通过为文档设置主题的案例。本案例需要执行【设计】→【主题】命令来完成，可以适用于需要快速套用主题的工作场景。

<< 扫码获取配套视频课程，本节视频课程播放时长约为 27 秒。

▼ 操作步骤

第 1 步 打开名为"为文档设置主题"的文档，❶单击【设计】菜单，❷单击【主题】下拉按钮，❸选择【积分】主题样式，如图 3-56 所示。

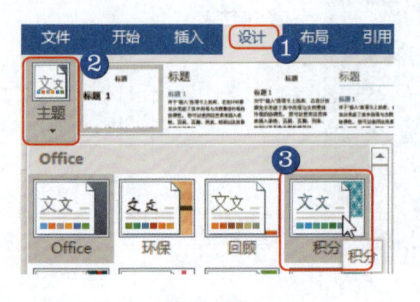

图 3-56

第 2 步 可以看到文档整体样式产生了变化，如图 3-57 所示。

图 3-57

Word 页面布局与打印

第 3 步 ❶单击【颜色】下拉按钮，❷选择一个颜色样式，如图 3-58 所示。

第 4 步 ❶单击【字体】下拉按钮，❷选择一种字体，如图 3-59 所示。

图 3-58

图 3-59

第 5 步 通过以上步骤即可完成为文档设置主题的操作，如图 3-60 所示。

图 3-60

知识拓展

除了调整字体和颜色以外，用户还可以调整主题的页面颜色。单击【设计】菜单，在【页面背景】组中单击【页面颜色】下拉按钮，在弹出的颜色库中可以设置页面颜色。此外，还可以设置页面边框。

3.5.2 使用主题中的样式集

本节将制作使用主题中的样式集的案例。本案例需要使用【样式集】下拉按钮来完成，可以适用于需要快速套用样式集的工作场景。

<< 扫码获取配套视频课程，本节视频课程播放时长约为 17 秒。

63

操作步骤

第1步 打开名为"使用主题中的样式集"的文档，❶单击【设计】菜单，❷在【文档格式】组中单击【样式集】下拉按钮，❸选择一种样式集，如图3-61所示。

第2步 可以看到文档整体产生了变化，通过以上步骤即可完成使用主题中的样式集的操作，如图3-62所示。

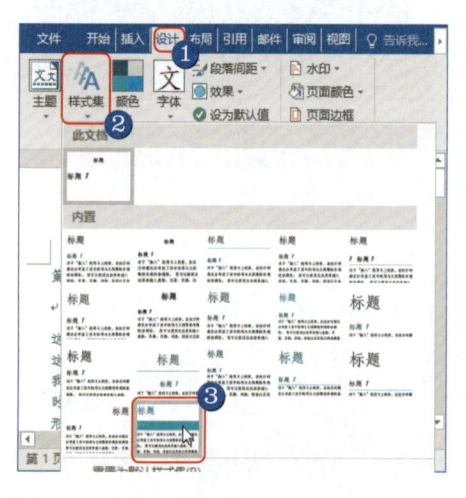

图 3-61

图 3-62

3.5.3 新建主题颜色

本节将制作新建主题颜色的案例。本案例需要执行【颜色】→【自定义颜色】命令来完成，可以适用于需要新建主题颜色的工作场景。

<< 扫码获取配套视频课程，本节视频课程播放时长约为25秒。

操作步骤

第1步 打开Word，❶在【设计】菜单下的【文档格式】组中单击【颜色】下拉按钮，❷选择【自定义颜色】选项，如图3-63所示。

图 3-63

第 2 步 弹出【新建主题颜色】对话框，❶设置颜色，❷单击【保存】按钮即可完成新建主题颜色的操作，如图 3-64 所示。

图 3-64

3.5.4 新建个性化主题

本节将制作新建个性化主题的案例。本案例需要执行【主题】→【保存当前主题】命令来完成，可以适用于需要新建主题的工作场景。

<<扫码获取配套视频课程，本节视频课程播放时长约为 55 秒。

▼ 操作步骤

第 1 步 打开 Word，❶在【设计】菜单下的【文档格式】组中单击【颜色】下拉按钮，❷选择一种颜色样式，如图 3-65 所示。

第 2 步 ❶单击【字体】下拉按钮，❷选择一种字体，如图 3-66 所示。

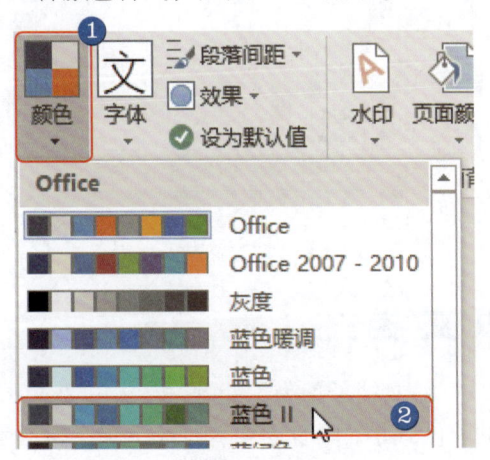

图 3-66

图 3-65

繁琐工作快上手
短视频学 Word 极简办公

第3步 ❶单击【效果】下拉按钮，❷选择一种效果，如图 3-67 所示。

图 3-67

第5步 弹出【保存当前主题】对话框，❶在【文件名】文本框中输入名称，❷单击【保存】按钮，如图 3-69 所示。

图 3-69

第4步 ❶单击【主题】下拉按钮，❷选择【保存当前主题】选项，如图 3-68 所示。

图 3-68

第6步 单击【主题】下拉按钮，即可看到刚刚保存的主题，如图 3-70 所示。

图 3-70

3.6 打印文档

用户设置好文档的页面布局和格式后，就可以打印文档了。为了能够按个人的要求更好地打印文档，在打印前，还需要先预览一下文档的整体效果，同时还要对打印选项进行设置，确认无误后，再打印文档，做到万无一失。

3.6.1 设置预览显示比例

本节将制作设置预览显示比例的案例。本案例需要执行【文件】→【打印】命令来完成，可以适用于需要打印的工作场景。

<< 扫码获取配套视频课程，本节视频课程播放时长约为 23 秒。

操作步骤

第 1 步 打开名为"双城"的文档，单击【文件】菜单，如图 3-71 所示。

图 3-71

第 2 步 进入 Backstage 视图，选择【打印】选项，如图 3-72 所示。

图 3-72

第 3 步 进入打印预览界面，在界面右下角，单击【放大】按钮 ＋ ，如图 3-73 所示。

图 3-73

第 4 步 可以看到预览部分的文档变为 70% 显示，如图 3-74 所示。

图 3-74

■ **经验之谈**

每单击一次【放大】＋ 或【缩小】－ 按钮，打印预览的文档将放大或缩小 10%，用户也可以滑动滑块来进行设置。

知识拓展

除了执行【文件】→【打印】命令进入打印预览界面外，用户还可以按 Ctrl+P 组合键打开打印预览界面。

3.6.2 设置只打印当前页

本节将制作设置只打印当前页的案例。本案例需要执行【文件】→【打印】命令来完成，可以适用于需要打印的工作场景。

<< 扫码获取配套视频课程，本节视频课程播放时长约为23秒。

操作步骤

第 1 步 打开名为"双城"的文档，单击【文件】菜单，如图 3-75 所示。

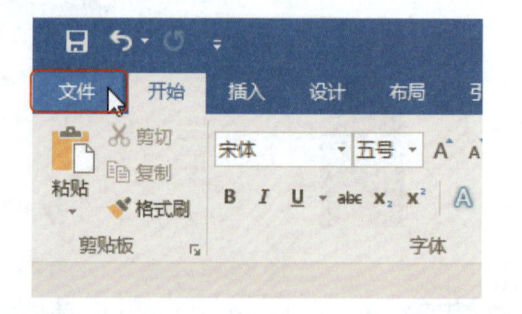

图 3-75

第 2 步 进入 Backstage 视图，选择【打印】选项，如图 3-76 所示。

图 3-76

第 3 步 进入打印预览界面，❶在【设置】区域单击【打印所有页】下拉按钮，❷选择【打印当前页面】选项，即可完成设置，如图 3-77 所示。

图 3-77

■ 经验之谈

在该下拉列表中包括【打印所有页】、【打印当前页面】，以及【自定义打印范围】3 个选项。

3.6.3 设置打印页码的范围

本节将制作设置打印页码的范围的案例。本案例需要执行【文件】→【打印】命令来完成，可以适用于需要打印的工作场景。

<< 扫码获取配套视频课程，本节视频课程播放时长约为 28 秒。

▼ 操作步骤

第1步 打开名为"双城"的文档，单击【文件】菜单，如图 3-78 所示。

第2步 进入 Backstage 视图，选择【打印】选项，如图 3-79 所示。

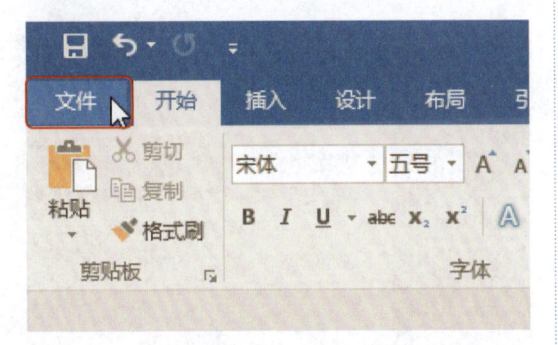

图 3-78

第3步 进入打印预览界面，❶在【设置】区域单击【打印所有页】下拉按钮，❷选择【自定义打印范围】选项，例如，在【页数】文本框中输入 2，即可完成设置打印页码范围的操作，如图 3-80 所示。

图 3-79

图 3-80

■ 经验之谈

用户还可以设置仅打印奇数页或者仅打印偶数页。

3.6.4 打印其他尺寸的纸张格式到 A4 纸中

本节将制作打印其他尺寸的纸张格式到 A4 纸中的案例。本案例需要执行【文件】→【打印】命令来完成，可以适用于需要打印的工作场景。

<< 扫码获取配套视频课程，本节视频课程播放时长约为 23 秒。

操作步骤

第 1 步 打开名为"双城"的文档，单击【文件】菜单，如图 3-81 所示。

第 2 步 进入 Backstage 视图，选择【打印】选项，如图 3-82 所示。

图 3-81

第 3 步 进入打印预览界面，单击【纸张大小】下拉按钮，选择【A5】选项，即可完成打印其他尺寸的纸张格式到 A4 纸中的操作，如图 3-83 所示。

图 3-82

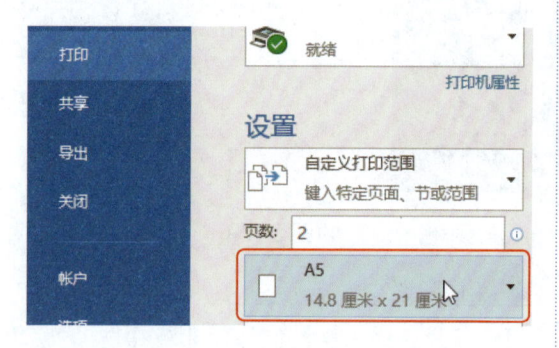

图 3-83

3.6.5 使用逆序打印

一些页数较多的文档，有时需要按照从后往前的顺序进行打印，就是所谓的逆序打印。本节将制作使用逆序打印的案例。本案例需要执行【文件】→【选项】命令来完成，可以适用于需要打印的工作场景。

<< 扫码获取配套视频课程，本节视频课程播放时长约为 26 秒。

操作步骤

第 1 步 打开名为"双城"的文档，单击【文件】菜单，如图 3-84 所示。

第 2 步 进入 Backstage 视图，选择【选项】选项，如图 3-85 所示。

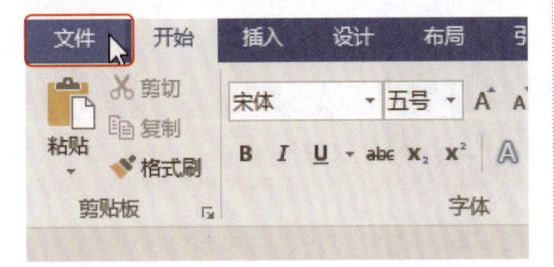

图 3-84

第 3 步 弹出【Word 选项】对话框，❶选择【高级】选项卡，❷在【打印】区域勾选【逆序打印页面】复选框，❸单击【确定】按钮即可完成操作，如图 3-86 所示。

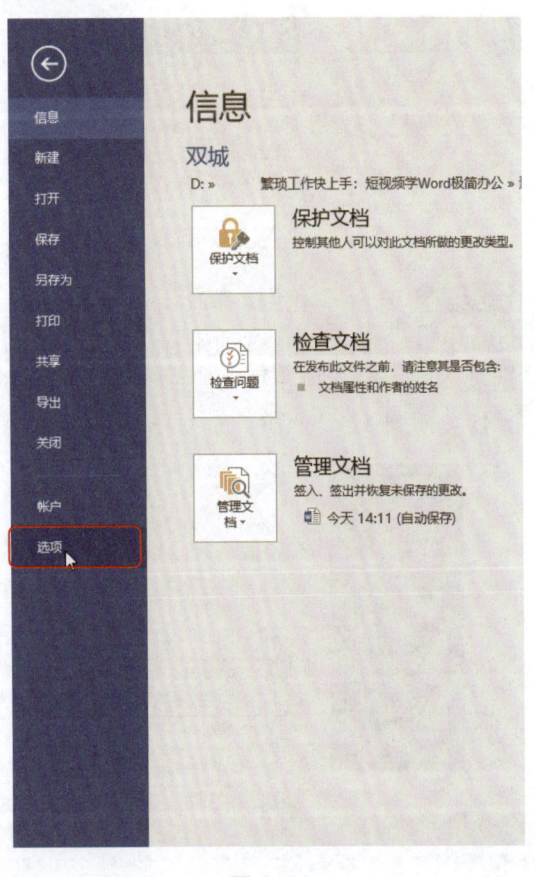

图 3-85

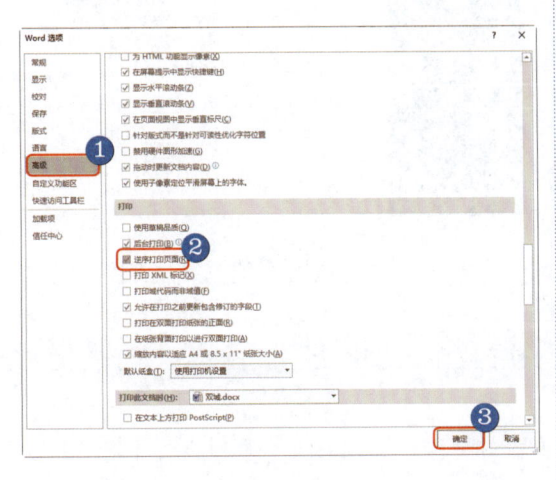

图 3-86

3.6.6 将多页缩小到一页上打印

本节将制作将多页缩小到一页上打印的案例。本案例需要执行【文件】→【打印】命令来完成，可以适用于需要打印的工作场景。

<< 扫码获取配套视频课程，本节视频课程播放时长约为 24 秒。

操作步骤

第 1 步 打开名为"双城"的文档，单击【文件】菜单，如图 3-87 所示。

第 2 步 进入 Backstage 视图，选择【打印】选项，如图 3-88 所示。

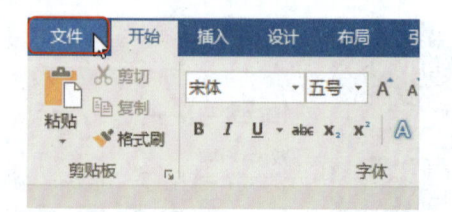

图 3-87

第 3 步 进入打印预览界面，单击【每版打印 1 页】下拉按钮，选择【每版打印 2 页】选项，即可完成将多页缩小到一页上打印的操作，如图 3-89 所示。

图 3-88

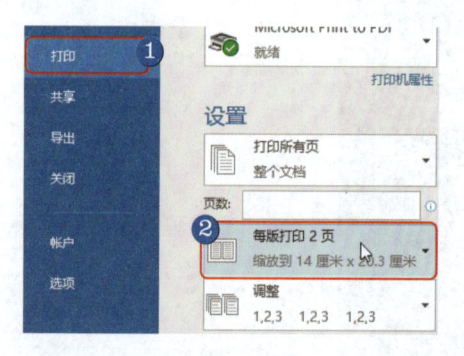

图 3-89

知识拓展

打印界面还有一个【页面设置】链接，单击该链接，可以打开【页面设置】对话框，用户可以在其中详细设置打印参数。

第 4 章
图文并茂排版文章

本章主要介绍在文章中插入图片、绘制图形、艺术字与文本框的操作与技巧，同时讲解编辑与应用 SmartArt 图形方面的知识。通过本章的学习，读者可以掌握图文并茂排版文章的技巧，为深入学习 Word 知识奠定基础。

用手机扫描二维码
获取本章学习素材

4.1 在文章中插入图片

在 Word 中插入图片能够更直观地表达内容，既可以美化文档页面，又可以让读者在阅读文档的过程中，查看所对应的图片，或者通过插图的配合使读者更清楚地了解作者要表达的意图。

4.1.1 整齐地插入多张特定大小的图片

本节将介绍如何在 Word 中整齐地插入多张特定大小的图片的案例。本案例需要用到【页面设置】对话框、插入表格、【表格属性】对话框等知识点，可以适用于需要插入特定大小的多张图片的工作场景。

<< 扫码获取配套视频课程，本节视频课程播放时长约为 2 分 13 秒。

操作步骤

第 1 步 新建空白文档，❶单击【布局】菜单，❷在【页面设置】组中单击对话框开启按钮，如图 4-1 所示。

第 2 步 弹出【页面设置】对话框，选择【页边距】选项卡，❶在【页边距】区域设置【上】、【下】、【左】、【右】均为 2，❷单击【确定】按钮，如图 4-2 所示。

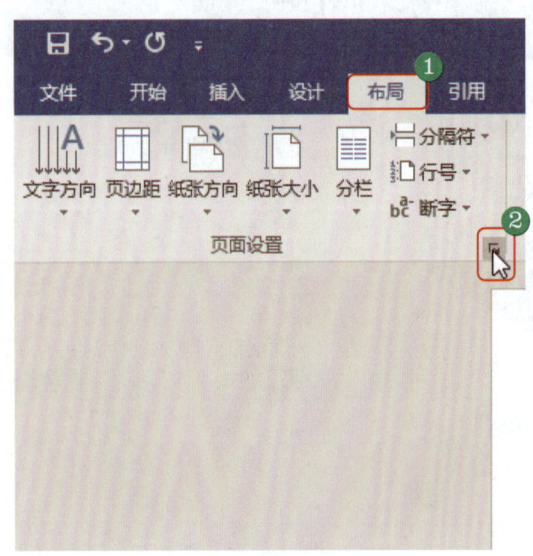

图 4-1

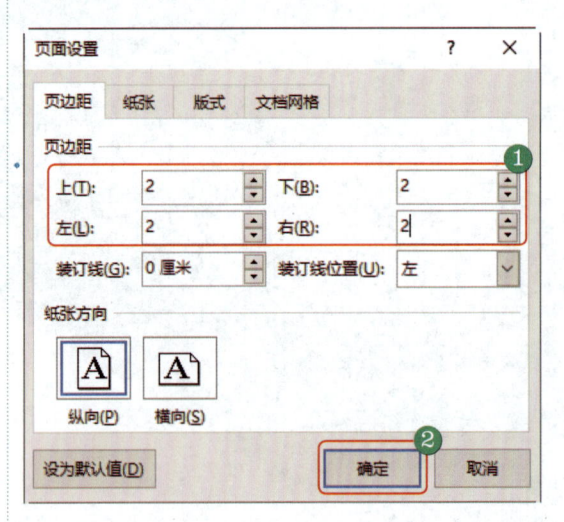

图 4-2

第 3 步 ❶单击【插入】菜单，❷单击【表格】下拉按钮，创建一个 2 行 2 列的表格，如图 4-3 所示。

第 4 步 表格创建完成后，在【布局】菜单中单击【单元格大小】组中的对话框开启按钮，如图 4-4 所示。

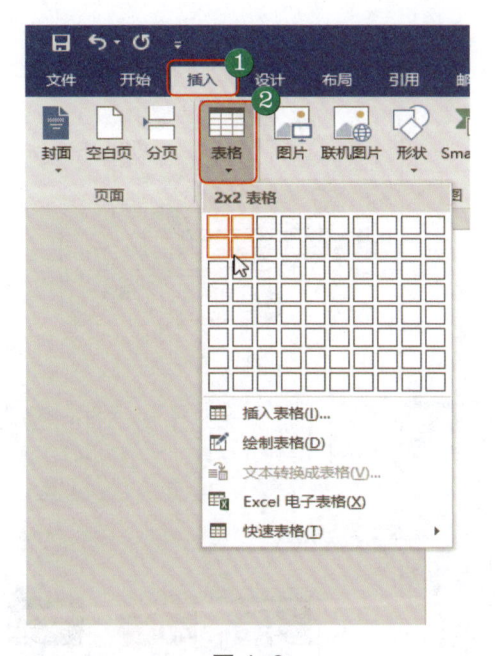

图 4-3

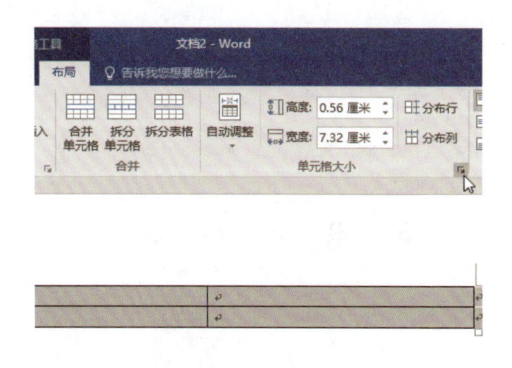

图 4-4

第 5 步　打开【表格属性】对话框，❶选择【行】选项卡，❷勾选【指定高度】复选框，❸在后面的微调框中输入数值，如图 4-5 所示。

第 6 步　❶选择【列】选项卡，❷勾选【指定宽度】复选框，❸在后面的微调框中输入数值，如图 4-6 所示。

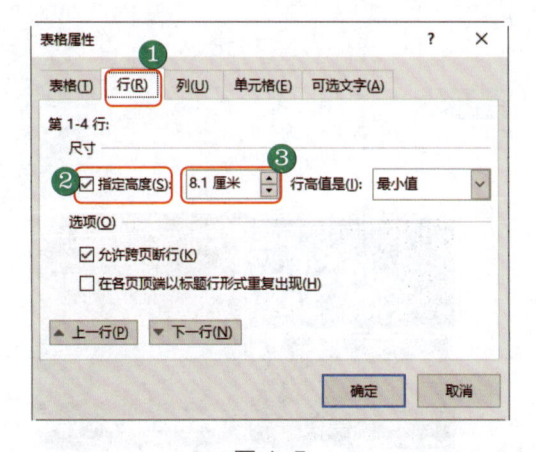

图 4-5

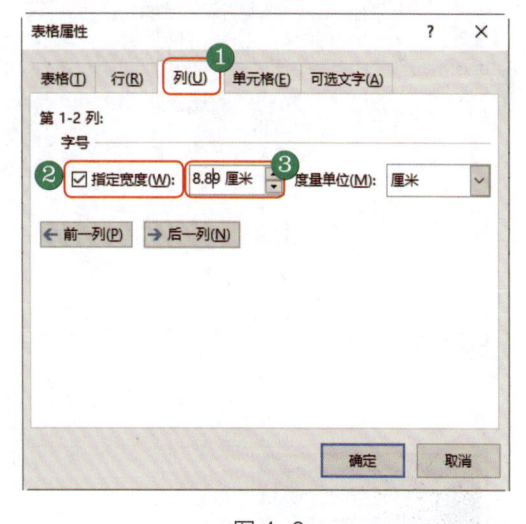

图 4-6

第 7 步　选择【表格】选项卡，单击【选项】按钮，如图 4-7 所示。

第 8 步　弹出【表格选项】对话框，❶取消勾选【自动重调尺寸以适应内容】复选框，❷单击【确定】按钮，如图 4-8 所示。

繁琐工作快上手
短视频学 Word 极简办公

图 4-7

第9步 返回【表格属性】对话框，单击【确定】按钮，将光标定位在第1个单元格中，❶单击【插入】菜单，❷在【插图】组中单击【图片】按钮，如图4-9所示。

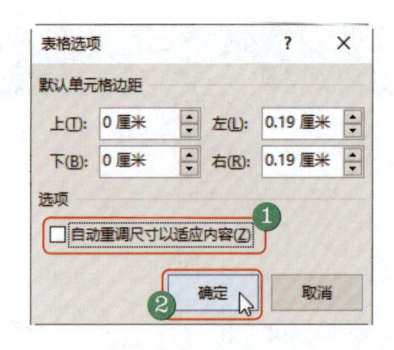

图 4-8

第10步 弹出【插入图片】对话框，❶选中图片，❷单击【插入】按钮，如图4-10所示。

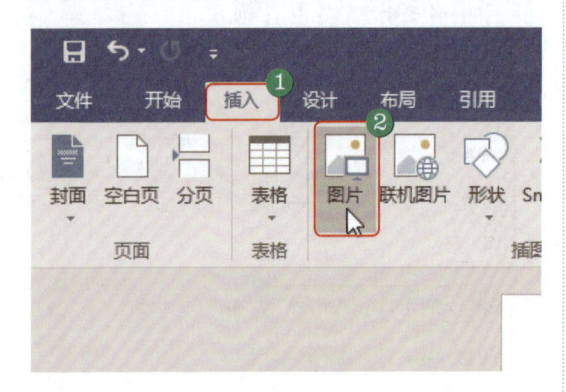

图 4-9

第11步 图片已经插入表格中，如图4-11所示。

图 4-10

第12步 使用相同方法插入其他3张图片，如图4-12所示。

图 4-11

图 4-12

第13步 选中整个表格，❶在【布局】菜单中单击【表】下拉按钮，❷单击【属性】按钮，如图4-13所示。

第14步 弹出【表格属性】对话框，❶选择【表格】选项卡，❷单击【边框和底纹】按钮，如图4-14所示。

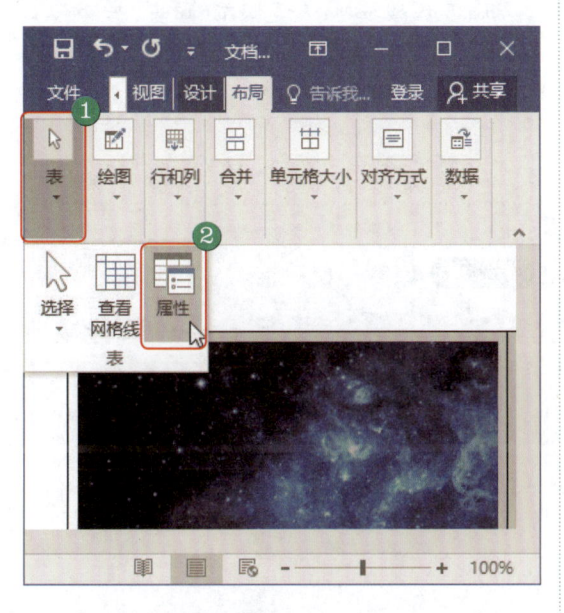

图4-13

图4-14

第15步 弹出【边框和底纹】对话框，❶选择【边框】选项卡，单击【无】按钮，❷单击【确定】按钮，如图4-15所示。

第16步 返回【属性】对话框，单击【确定】按钮，即可完成在Word中整齐地插入多张图片的操作，如图4-16所示。

图4-15

图4-16

4.1.2 插入屏幕截图

Word 自带了屏幕截图的功能，该功能可以将打开的程序屏幕以图片的形式截取到 Word 中。本案例将介绍插入屏幕截图的操作技巧。

＜＜扫码获取配套视频课程，本节视频课程播放时长约为 21 秒。

▼ 操作步骤

第 1 步 新建空白文档，❶单击【插入】菜单，❷在【插图】组中单击【屏幕截图】下拉按钮，❸在【可用的视窗】区域单击准备截图的屏幕，如图 4-17 所示。

第 2 步 文档中已经插入了其他程序的屏幕截图，如图 4-18 所示。

图 4-17

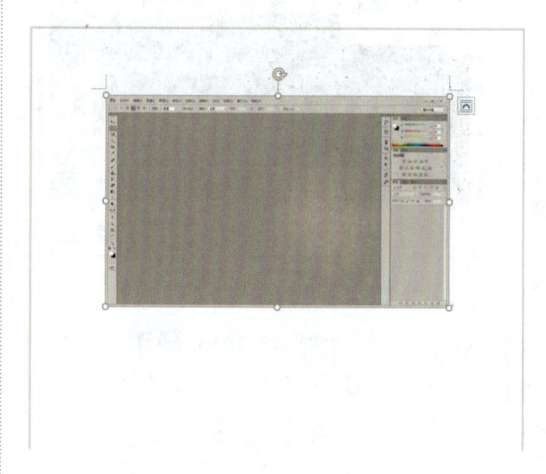

图 4-18

4.1.3 精确旋转图片

本节将介绍精确旋转图片的案例。本案例需要执行【格式】→【大小】→【对话框开启】命令，可以适用于需要精确调整图片角度的工作场景。

＜＜扫码获取配套视频课程，本节视频课程播放时长约为 26 秒。

第 4 章 图文并茂排版文章

操作步骤

第 1 步　打开名为"精确旋转图片"的文档，选中图片，❶在【格式】菜单中单击【大小】下拉按钮，❷单击对话框开启按钮，如图 4-19 所示。

第 2 步　弹出【布局】对话框，❶在【大小】选项卡下的【旋转】微调框中输入 35，❷单击【确定】按钮，如图 4-20 所示。

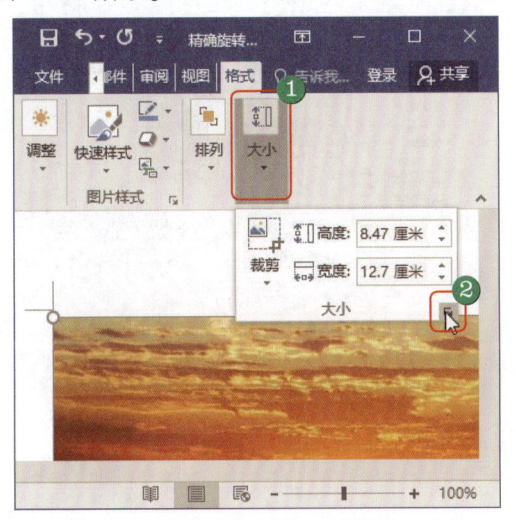

图 4-19

图 4-20

第 3 步　图片的角度已经更改，通过以上步骤即可完成精确旋转图片的操作，如图 4-21 所示。

■ 经验之谈

如果不追求精确度，用户也可以单击选中图片，在图片上方的中间位置会出现一个圆圈标志，单击并拖动该标志即可旋转图片。

图 4-21

4.1.4 设置图片的文字环绕方式

本节将介绍设置图片文字环绕方式的案例。本案例需要执行【格式】→【大小】→【对话框开启】命令，可以适用于需要精确调整图片角度的工作场景。

<< 扫码获取配套视频课程，本节视频课程播放时长约为 38 秒。

> 繁琐工作快上手
> 短视频学 Word 极简办公

操作步骤

第1步 打开名为"设置图片的文字环绕方式"的文档，将光标定位在第4段结尾，❶在【插入】菜单中单击【插图】下拉按钮，❷单击【图片】按钮，如图4-22所示。

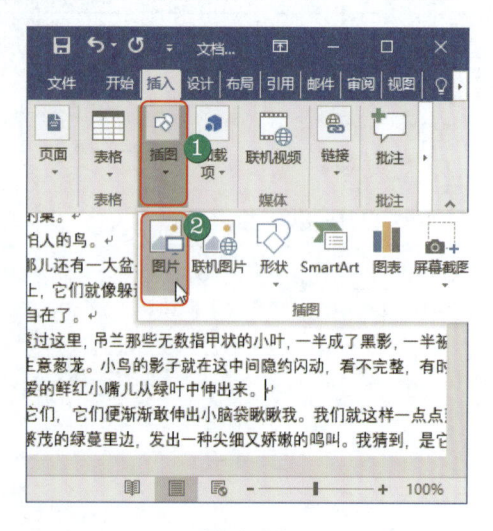

图 4-22

第3步 图片已经插入文档中，如图4-24所示。

图 4-24

第5步 图片的文字环绕方式已经更改，如图4-26所示。

第2步 弹出【插入图片】对话框，❶选中图片，❷单击【插入】按钮，如图4-23所示。

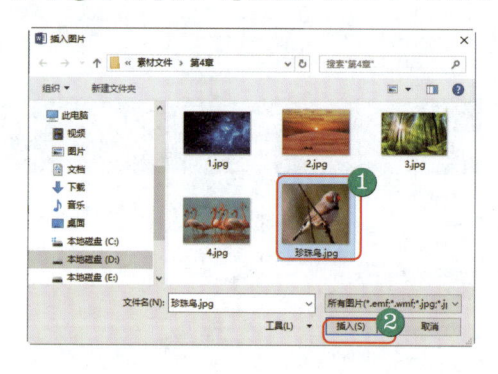

图 4-23

第4步 ❶在【格式】菜单下单击【排列】下拉按钮，❷单击【环绕文字】下拉按钮，❸选择【衬于文字下方】选项，如图4-25所示。

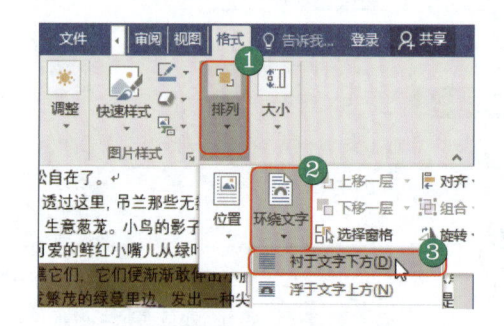

图 4-25

图 4-26

知识拓展

图片的文字环绕方式包括嵌入型、四周型、紧密型环绕、穿越型环绕、上下型环绕、衬于文字下方、浮于文字上方等几种类型。

4.1.5 改变图片的形状

本节将介绍设置图片文字环绕方式的案例。本案例需要执行【格式】→【大小】→【对话框开启】命令，可以适用于需要精确调整图片角度的工作场景。

<< 扫码获取配套视频课程，本节视频课程播放时长约24秒。

操作步骤

第1步 打开名为"改变图片的形状"的文档，单击选中图片，❶在【格式】菜单中单击【大小】下拉按钮，❷单击【裁剪】下拉按钮，❸选择【裁剪为形状】选项，选择一个形状，如图4-27所示。

第2步 图片被裁剪成选中的形状，通过以上步骤即可完成改变图片形状的操作，如图4-28所示。

图4-27

图4-28

4.2 绘制图形

Word中的自选图形包括线条、矩形、基本形状、箭头总汇、公式形状、流程图、星与旗帜，以及标注8种类型，通过不同类型的自选图形组合，用户可以制作出不同效果的图形。

4.2.1 绘制自选图形并添加文本

本节将制作绘制自选图形并添加文本的案例。本案例需要执行【插入】→【形状】命令，可以应用在需要绘制图形并添加文本的工作场景。

<< 扫码获取配套视频课程，本节视频课程播放时长约为1分04秒。

操作步骤

第1步 打开名为"绘制自选图形并添加文本"的文档，❶单击【插入】菜单，❷在【插图】组中单击【形状】下拉按钮，❸选择一个箭头形状，如图4-29所示。

图 4-29

第3步 将鼠标指针移至图形上，按住Ctrl键单击并拖动鼠标，复制出另外两个形状，如图4-31所示。

图 4-31

第2步 当鼠标指针变为"十"字形状，单击并拖动鼠标绘制形状，如图4-30所示。

图 4-30

第4步 右击第1个箭头，在弹出的快捷菜单中选择【添加文字】菜单项，如图4-32所示。

图 4-32

第 5 步 在形状中添加了光标，输入内容，如图 4-33 所示。

第 6 步 使用相同方法为另外两个形状添加文字，通过以上步骤即可完成绘制自选图形并添加文字的操作，如图 4-34 所示。

图 4-33

图 4-34

4.2.2 更改形状样式

本节将制作更改形状样式的案例。本案例需要执行【格式】→【形状样式】命令，可以应用在需要更改形状样式的工作场景。

<< 扫码获取配套视频课程，本节视频课程播放时长约为 30 秒。

▼ 操作步骤

第 1 步 打开名为"更改形状样式"的文档，选中图形，❶在【格式】菜单下的【形状样式】组中单击【形状填充】下拉按钮，❷选择一种颜色，如图 4-35 所示。

第 2 步 ❶单击【形状轮廓】下拉按钮，❷选择一种颜色，如图 4-36 所示。

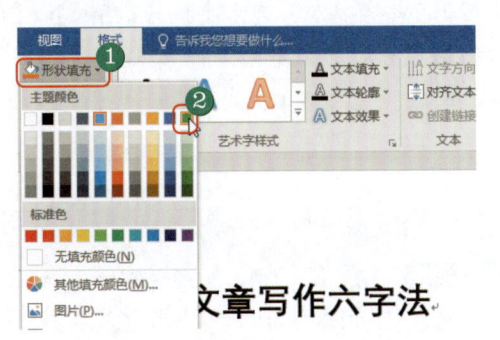

图 4-35

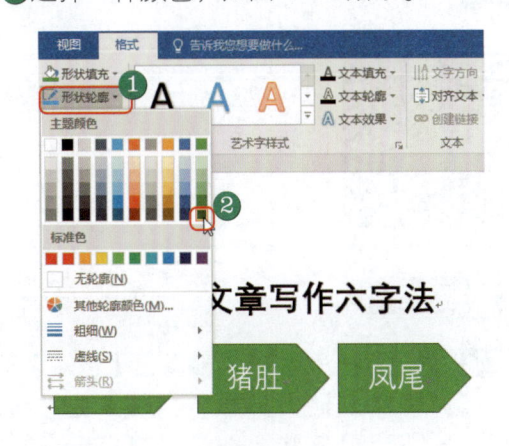

图 4-36

繁琐工作快上手
短视频学 Word 极简办公

第 3 步 ❶单击【形状效果】下拉按钮，❷选择【棱台】选项，❸选择一种样式，如图 4-37 所示。

第 4 步 通过以上步骤即可完成更改形状样式的操作，如图 4-38 所示。

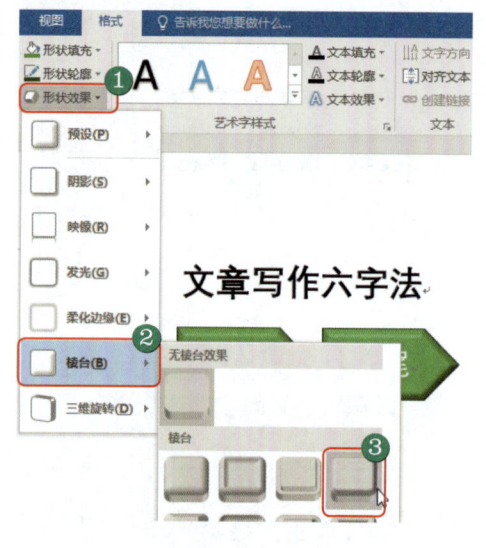

图 4-37

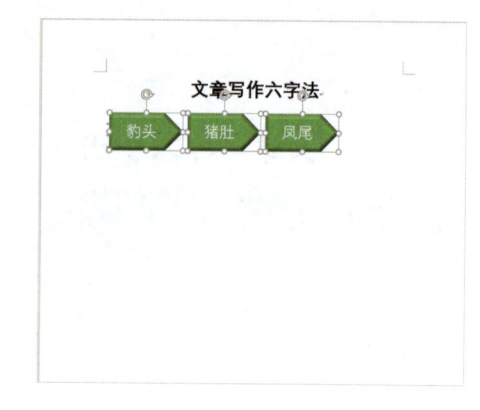

图 4-38

■ 经验之谈

如果不想在形状中填充颜色，也可以在设置【形状填充】选项时选择【无填充颜色】选项。

知识拓展

用户在设置形状的【形状轮廓】选项时，还可以设置轮廓的粗细以及实线轮廓或者虚线轮廓样式。

4.2.3 使用图片填充图形

本节将制作使用图片填充图形的案例。本案例需要执行【插入】→【形状】命令，可以应用在需要绘制图形并添加文本的工作场景。

<< 扫码获取配套视频课程，本节视频课程播放时长约为 42 秒。

操作步骤

第 1 步 新建空白文档，❶单击【插入】菜单，❷在【插图】组中单击【形状】下拉按钮，❸选择【椭圆】形状，如图 4-39 所示。

第 2 步 按住 Shift 键在文档中绘制一个正圆，❶在格式菜单中单击【形状填充】下拉按钮，❷选择【图片】选项，如图 4-40 所示。

84

第4章
图文并茂排版文章

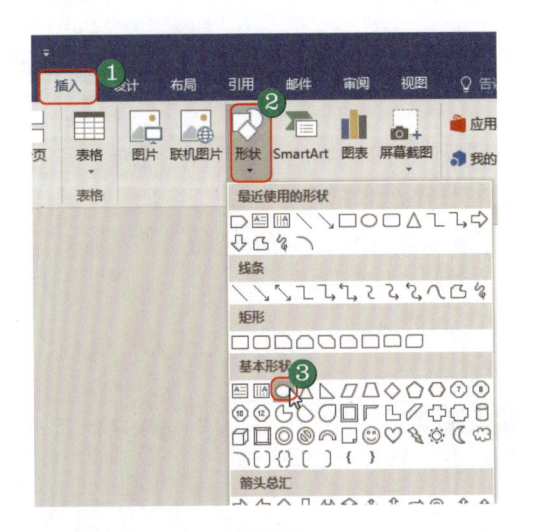

图 4-39

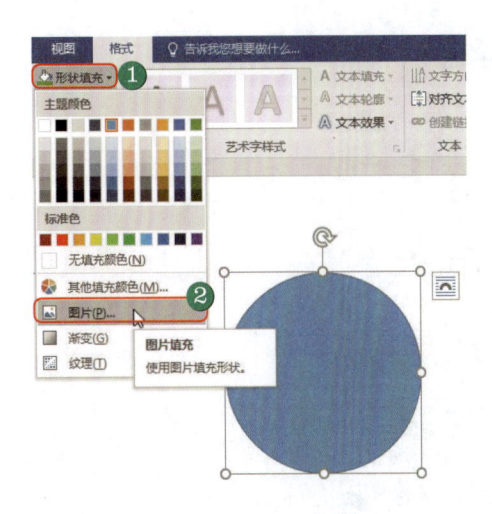

图 4-40

第 3 步　弹出【插入图片】对话框，单击【从文件】选项右侧的【浏览】按钮，如图 4-41 所示。

第 4 步　弹出【插入图片】对话框，❶选中图片，❷单击【插入】按钮，如图 4-42 所示。

图 4-41

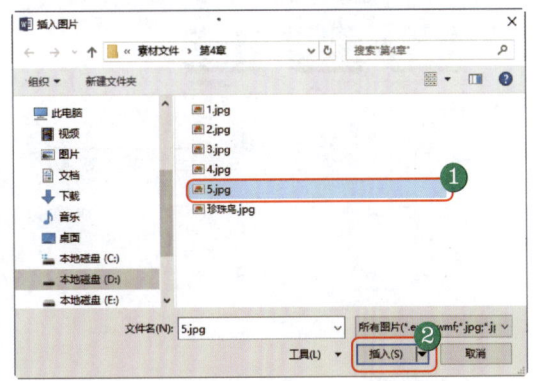

图 4-42

第 5 步　图形已经被选中的图片填充，如图 4-43 所示。

■ 经验之谈

如果不想要形状轮廓，也可以在设置【形状轮廓】选项时选择【无轮廓】选项。

图 4-43

85

4.2.4 将多个图形组合为一体

本节将制作使用图片填充图形的案例。本案例需要执行【插入】→【形状】命令,可以应用在需要绘制图形并添加文本的工作场景。

<< 扫码获取配套视频课程,本节视频课程播放时长约为22秒。

操作步骤

第1步 打开名为"将多个图形组合为一体"的文档,按住Ctrl键将3个图形都选中,右击图形,❶在弹出的快捷菜单中选择【组合】菜单项,❷选择【组合】子菜单项,如图4-44所示。

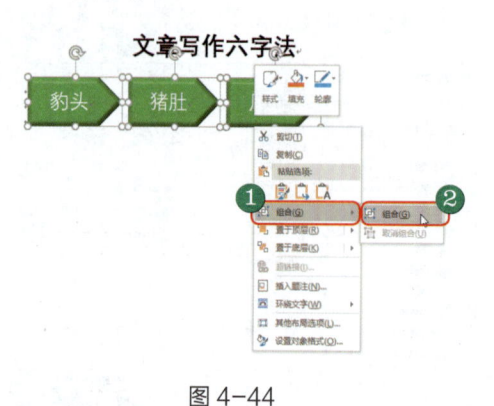

第2步 可以看到3个图形已经组合为1个图形,如图4-45所示。

图 4-44

图 4-45

知识拓展

如果用户想要取消组合,右击图形,在弹出的快捷菜单中选择【组合】菜单项,选择【取消组合】菜单项即可将多个图形取消组合。

4.3 艺术字与文本框

灵活运用Word中艺术字的功能,可以为文档添加生动且具有特殊视觉效果的文字。在制作文档的过程中,一些文本内容需要显示在图片中,在制作诗歌类文档时,常常需要输入竖排的文字内容,对于这些情况,用户可以运用Word提供的文本框功能。本节将介绍使用艺术字与文本框的操作技巧。

4.3.1 插入文本框并修改文本格式

本节将制作插入文本框并修改文本格式的案例。本案例需要执行【插入】→【文本】→【文本框】→【绘制文本框】命令,可以应用在需要插入文本框的工作场景。

<< 扫码获取配套视频课程,本节视频课程播放时长约为32秒。

▼ 操作步骤

第1步 打开名为"插入文本框并修改文本格式"的文档,❶单击【插入】菜单,❷单击【文本】下拉按钮,❸单击【文本框】下拉按钮,❹选择【绘制文本框】选项,如图4-46所示。

图 4-46

第2步 在文档中单击并拖动鼠标指针绘制文本框,然后在文本框中输入内容,如图4-47所示。

图 4-47

第3步 选中文本框,切换至【开始】菜单,❶设置【字体】为【华文中宋】,❷设置【字号】为【三号】,❸设置字体颜色为绿色,如图4-48所示。

图 4-48

4.3.2 设置文本框链接

本节将制作设置文本框链接的案例。本案例需要执行【格式】→【文本】→【创建链接】命令，可以应用在需要设置文本框链接的工作场景。

<< 扫码获取配套视频课程，本节视频课程播放时长约为 57 秒。

操作步骤

第 1 步 打开名为"设置文本框链接"的文档，按 Ctrl+A 组合键选中所有文本，右击文本，在弹出的快捷菜单中选择【复制】菜单项，如图 4-49 所示。

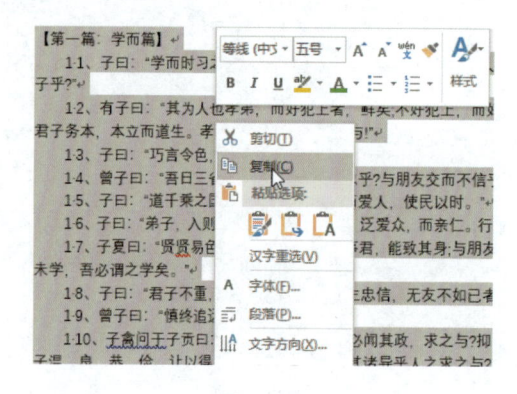

图 4-49

第 3 步 在文档空白处绘制文本框，在文本框中定位光标，按 Ctrl+V 组合键粘贴文本，可以看到文本框不能完全放置所有的文本，如图 4-51 所示。

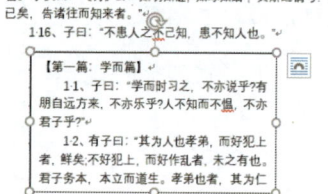

图 4-51

第 2 步 ❶单击【插入】菜单，❷单击【文本】下拉按钮，❸单击【文本框】下拉按钮，❹选择【绘制文本框】选项，如图 4-50 所示。

图 4-50

第 4 步 绘制第 2 个文本框，然后选中第 1 个文本框，❶单击【格式】菜单，❷单击【文本】下拉按钮，❸单击【创建链接】按钮，如图 4-52 所示。

第 5 步 在第 2 个文本框中单击鼠标，即可继续粘贴剩余的文本内容，如图 4-53 所示。

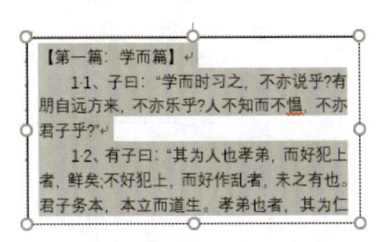

图 4-53

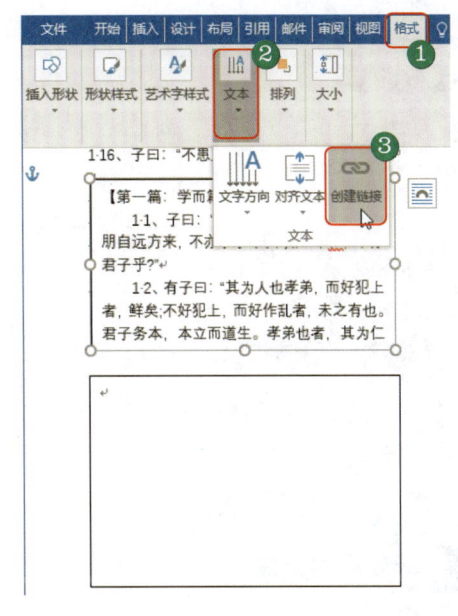

图 4-52

知识拓展

当有多个链接文本框存在时，删除其中一个文本框，后一个文本框会顶替删除的文本框显示删除文本框的内容。

4.3.3 将文本转换为文本框

本节将制作将文本转换为文本框的案例。本案例需要执行【插入】→【文本】→【文本框】命令，可以应用在需要将文本转换为文本框的工作场景。

<< 扫码获取配套视频课程，本节视频课程播放时长约为 18 秒。

操作步骤

第 1 步 打开名为"将文本转换为文本框"的文档，按 Ctrl+A 组合键选中所有文本，❶单击【插入】菜单，❷单击【文本】下拉按钮，❸单击【文本框】下拉按钮，❹选择【绘制文本框】选项，如图 4-54 所示。

第 2 步 通过以上步骤即可完成文本转换为文本框的操作，如图 4-55 所示。

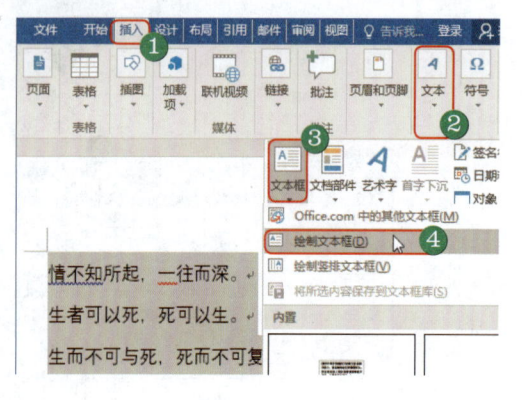

图 4-54

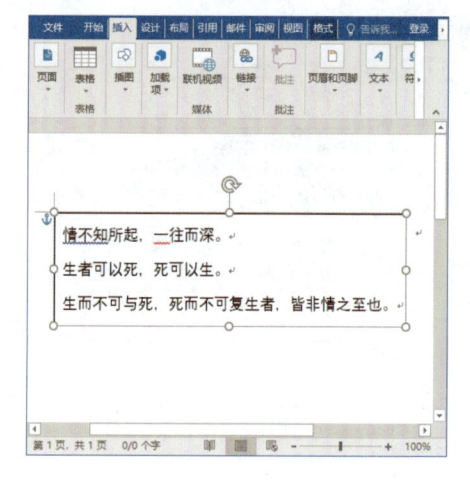

图 4-55

4.3.4 插入艺术字

本节将制作插入艺术字的案例。本案例需要执行【插入】→【文本】→【艺术字】命令，可以应用在需要插入艺术字的工作场景。

<< 扫码获取配套视频课程，本节视频课程播放时长约为 23 秒。

▼ 操作步骤

第 1 步　新建文档，执行【插入】→【文本】→【艺术字】命令，选择一种样式，如图 4-56 所示。

第 2 步　文档中插入了艺术字文本框，输入内容，如图 4-57 所示。

图 4-56

图 4-57

第 3 步　通过以上步骤即可完成插入艺术字的操作，如图 4-58 所示。

图 4-58

■ 经验之谈

如果用户不想使用内置的艺术字样式，也可以随便插入一个样式，在【格式】菜单下的【艺术字样式】组中设置形状和文本效果。

4.3.5 为艺术字设置三维效果

本节将制作为艺术字设置三维效果的案例。本案例需要执行【格式】→【形状效果】命令，可以应用在需要为艺术字设置三维效果的工作场景。

<< 扫码获取配套视频课程，本节视频课程播放时长约为25秒。

▼ 操作步骤

第1步 打开名为"为艺术字设置三维效果"的文档，选中艺术字，如图4-59所示。

图4-59

第2步 ❶单击【格式】菜单，❷单击【形状效果】下拉按钮，❸选择【三维旋转】选项，❹选择【等长顶部朝上】选项，如图4-60所示。

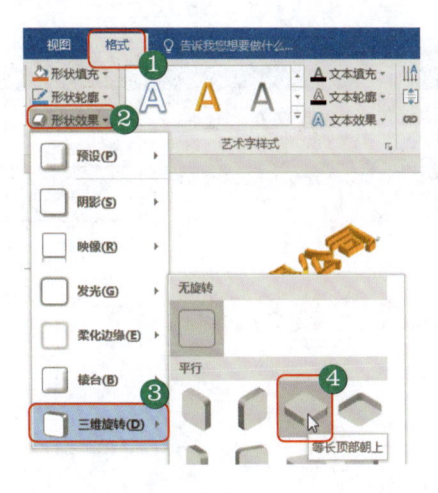

图4-60

第3步 可以看到艺术字添加了三维效果，通过以上步骤即可完成为艺术字设置三维效果的操作，如图4-61所示。

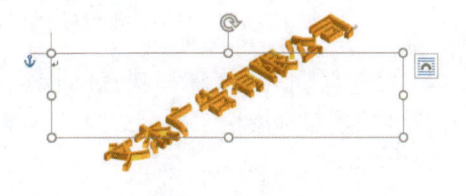

图4-61

■ 经验之谈

除了三维旋转效果外，用户还可以为艺术字添加阴影、映像、柔化边缘、棱台和发光效果。

知识拓展

艺术字和文本框的环绕方式与图片类似，共有 7 种，分别是嵌入型、四周型、紧密型、穿越型、上下型、衬于文字下方和浮于文字上方。

4.3.6 设置艺术字的文字方向

本节将制作设置艺术字文字方向的案例。本案例需要执行【格式】→【文字方向】→【垂直】命令，可以应用在需要调整艺术字文字方向的工作场景。

<< 扫码获取配套视频课程，本节视频课程播放时长约为 19 秒。

操作步骤

第 1 步 打开名为"为艺术设置三维效果"的文档，选中艺术字，执行【格式】→【文字方向】→【垂直】命令，如图 4-62 所示。

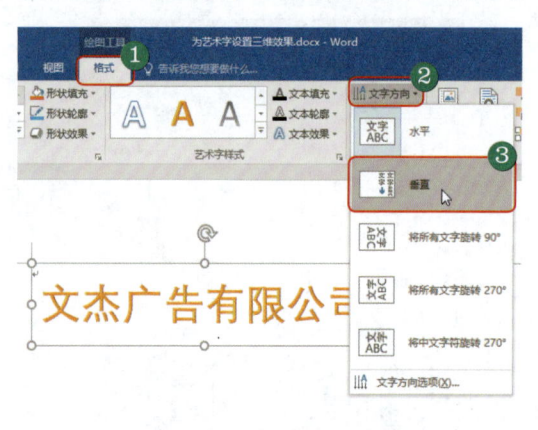

图 4-62

第 2 步 艺术字的方向已经改变，如图 4-63 所示。

图 4-63

4.4 编辑与应用 SmartArt 图形

SmartArt 图形是信息和观点的视觉表示形式，能够快速、轻松、有效地传达信息。SmartArt 图形包括流程、层次结构、循环或关系等。

4.4.1 新建 SmartArt 图形

本节将制作新建 SmartArt 图形的案例。本案例需要执行【插入】→【SmartArt】命令，可以应用在需要新建 SmartArt 图形的工作场景。

<< 扫码获取配套视频课程，本节视频课程播放时长约为 1 分 10 秒。

▼ 操作步骤

第 1 步 新建空白文档，❶单击【插入】菜单，❷在【插图】组中单击【SmartArt】按钮，如图 4-64 所示。

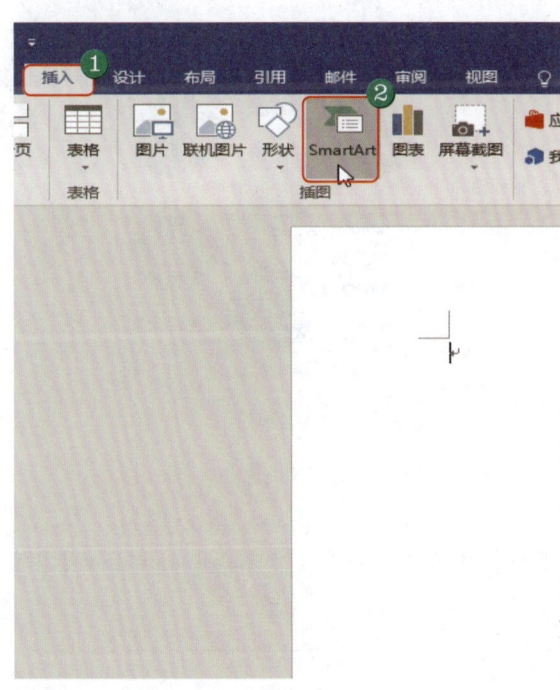

图 4-64

第 3 步 选中文本中显示创建 SmartArt 图形的效果，如图 4-66 所示。

第 2 步 弹出【选择 SmartArt 图形】对话框，❶选择【关系】选项，❷选择【基本射线图】样式，❸单击【确定】按钮，如图 4-65 所示。

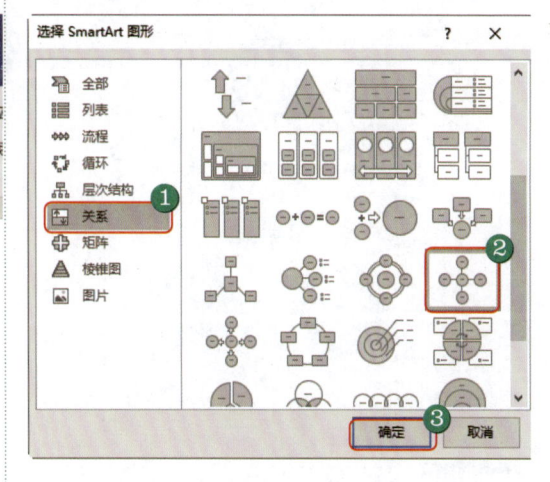

图 4-65

第 4 步 输入内容，双击"价格"所在的形状，进入【设计】选项卡，❶单击【创建图形】下拉按钮，❷单击【添加形状】下拉按钮，❸选择【在后面添加形状】选项，如图 4-67 所示。

图 4-66　　　　　　　　　　　　　图 4-67

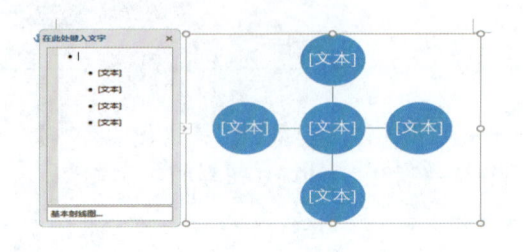

第 5 步　图形中添加了一个新的圆形，输入"存取点"，如图 4-68 所示。

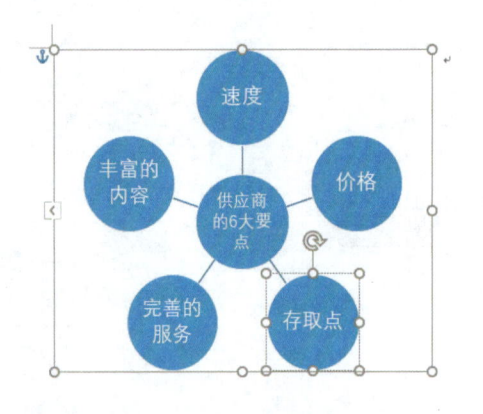

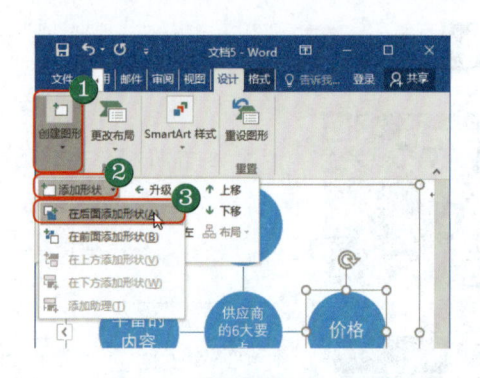

第 6 步　使用相同方法再添加一个形状并输入内容，如图 4-69 所示。

图 4-68　　　　　　　　　　　　　图 4-69

知识拓展

选中 SmartArt 图形中的任意小图形，在【设计】菜单中的【创建图形】组中单击【上移】或者【下移】按钮，即可移动小图形的位置。

4.4.2　套用 SmartArt 图形的颜色与样式

本节将制作套用 SmartArt 图形的颜色与样式的案例。本案例需要使用【设计】菜单，可以应用在需要更改 SmartArt 图形颜色和样式的工作场景。

<< 扫码获取配套视频课程，本节视频课程播放时长约为 28 秒。

操作步骤

第1步 打开名为"套用SmartArt图形的颜色与样式"的文档,选中图形,❶在【设计】菜单中的【SmartArt样式】组中单击样式下拉按钮,❷选择一种样式,如图4-70所示。

第2步 ❶单击【更改颜色】下拉按钮,❷选择一种颜色样式,如图4-71所示。

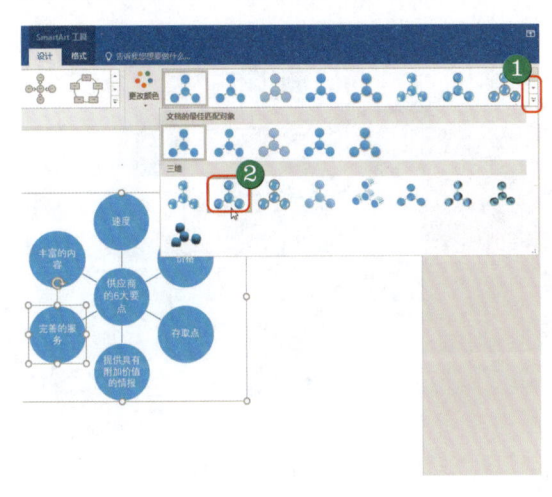

图4-70

图4-71

第3步 通过以上步骤即可完成套用SmartArt图形的颜色和样式的操作,如图4-72所示。

■ 经验之谈

用户也可以自己设置SmartArt图形的颜色和样式。

图4-72

4.4.3 更改SmartArt图形的布局

本节将制作更改SmartArt图形的布局的案例。本案例需要使用【设计】菜单,可以应用在需要更改SmartArt图形颜色和样式的工作场景。

＜＜扫码获取配套视频课程,本节视频课程播放时长约为17秒。

繁琐工作快上手
短视频学 Word 极简办公

▼ 操作步骤

第1步 打开名为"更改 SmartArt 图形的布局"的文档，选中图形，❶在【设计】菜单中的【版式】组中单击样式下拉按钮，❷选择一种版式，如图 4-73 所示。

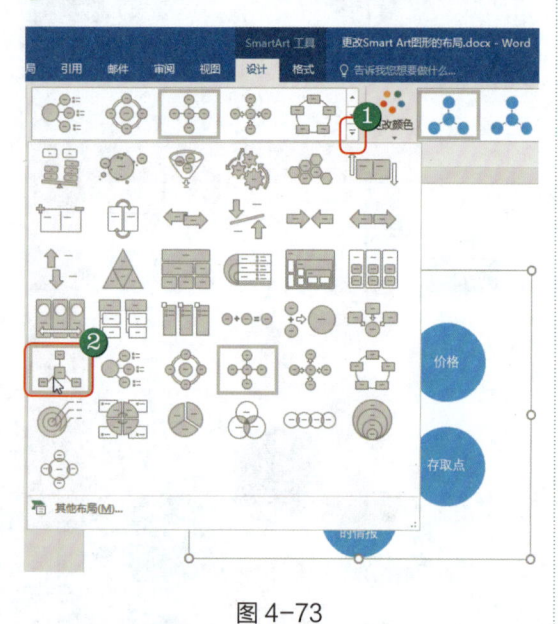

第2步 可以看到图形的布局已经更改，通过以上步骤即可完成更改 SmartArt 图形的布局的操作，如图 4-74 所示。

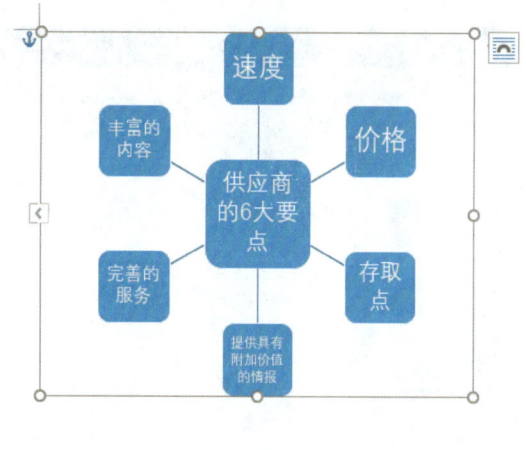

图 4-73

图 4-74

知识拓展

选中 SmartArt 图形，在【设计】菜单中单击【重设图形】按钮，即可快速恢复 SmartArt 图形到原始状态。

第 5 章
表格和图表的应用

本章主要介绍新建表格、编辑表格、设置表格格式、处理表格数据的操作与技巧，同时讲解使用图表方面的知识。通过本章的学习，读者可以掌握表格和图表的技巧，为深入学习 Word 知识奠定基础。

用手机扫描二维码
获取本章学习素材

5.1 新建表格

在 Word 中，表格属于特殊的图形，运用表格可以将复杂的内容简单地表达出来，并可以将文档内容进行分类划分，使文档更加美观。

5.1.1 创建表格

本节将分别制作使用虚拟表格、【插入表格】命令创建表格的案例。本案例需要执行【插入】→【表格】命令，可以应用在需要创建表格的工作场景。

<< 扫码获取配套视频课程，本节视频课程播放时长约为 36 秒。

▼ 操作步骤

第 1 步　新建空白文档，❶单击【插入】菜单，❷单击【表格】下拉按钮，❸在虚拟表格区域选择准备创建的表格规格，如图 5-1 所示。

图 5-1

第 2 步　文档中已经创建了一个 3 行 4 列的表格，通过以上步骤即可完成使用虚拟表格创建表格的操作，如图 5-2 所示。

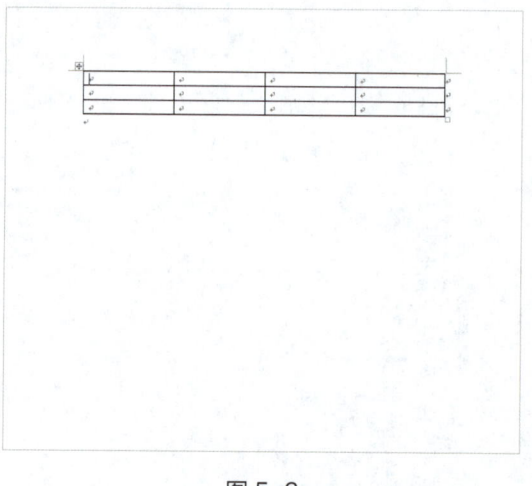

图 5-2

第 3 步　❶单击【插入】菜单，❷单击【表格】下拉按钮，❸选择【插入表格】选项，如图 5-3 所示。

第 4 步　弹出【插入表格】对话框，❶在【列数】微调框中输入 3，❷在【行数】微调框中输入 4，❸选中【固定列宽】单选按钮，❹单击【确定】按钮，如图 5-4 所示。

图 5-3

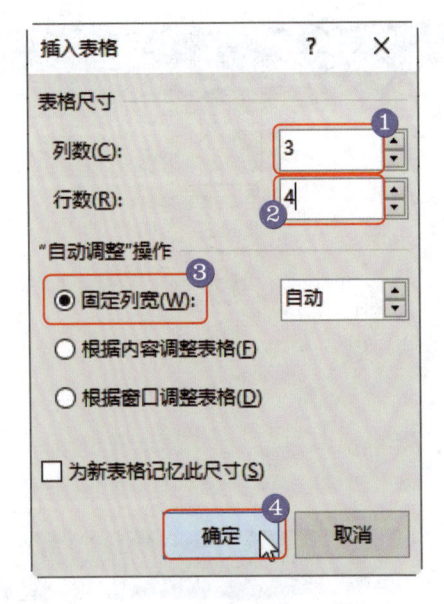

图 5-4

第 5 步 文档中已经创建了一个 4 行 3 列的表格，通过以上步骤即可完成使用"插入表格"命令创建表格的操作，如图 5-5 所示。

图 5-5

■ 经验之谈

使用虚拟表格创建表格有一定的局限性，最多只能创建 8 行 10 列的表格。

5.1.2 制作斜线表头

本节将制作斜线表头的案例。本案例需要执行【插入】→【插图】→【形状】命令，可以应用在需要使用斜线表头的工作场景。

<< 扫码获取配套视频课程，本节视频课程播放时长约为 1 分 35 秒。

▼ 操作步骤

第 1 步 打开"斜线表头"文档，❶单击【插入】菜单，❷在【插图】组中单击【形状】下拉按钮，❸选择直线，如图 5-6 所示。

第 2 步 鼠标指针变为"十"字形状，单击并拖动鼠标在第 1 个单元格中绘制直线，如图 5-7 所示。

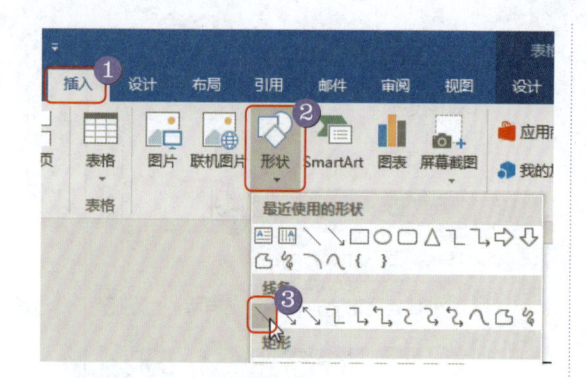

图 5-6

第3步 选中直线，在【格式】菜单中的【形状样式】组中选择一种样式，如图 5-8 所示。

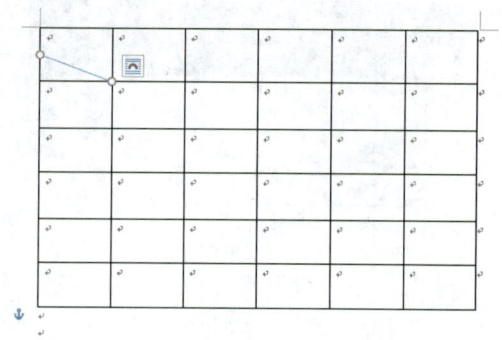

图 5-7

第4步 按住 Ctrl 键单击并拖动直线，复制出一条直线，并移到合适的位置，如图 5-9 所示。

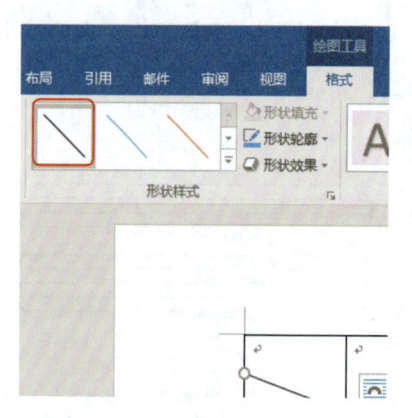

图 5-8

第5步 ❶单击【插入】菜单，❷单击【文本】下拉按钮，❸单击【文本框】下拉按钮，❹选择【绘制文本框】选项，如图 5-10 所示。

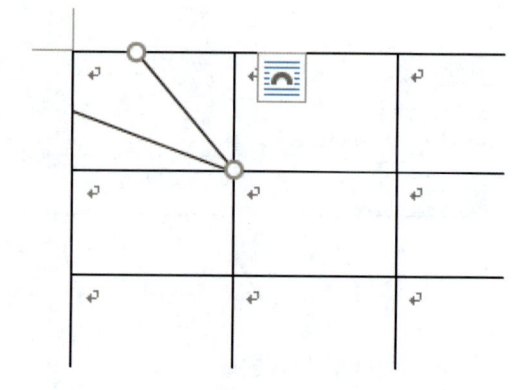

图 5-9

第6步 在文档中绘制文本框，输入内容，如图 5-11 所示。

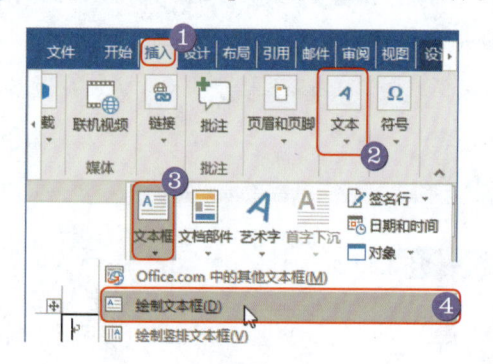

图 5-10

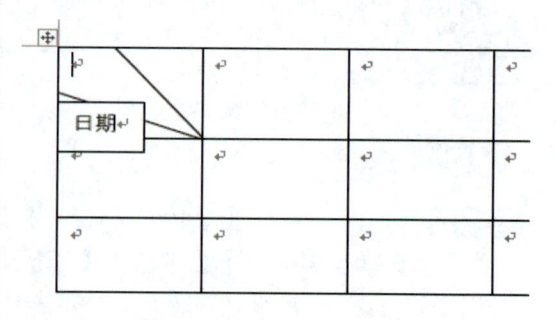

图 5-11

第5章 表格和图表的应用

第7步 选中文本框，❶在【格式】菜单下的【形状样式】组中单击【形状填充】下拉按钮，❷选择【无填充颜色】选项，如图5-12所示。

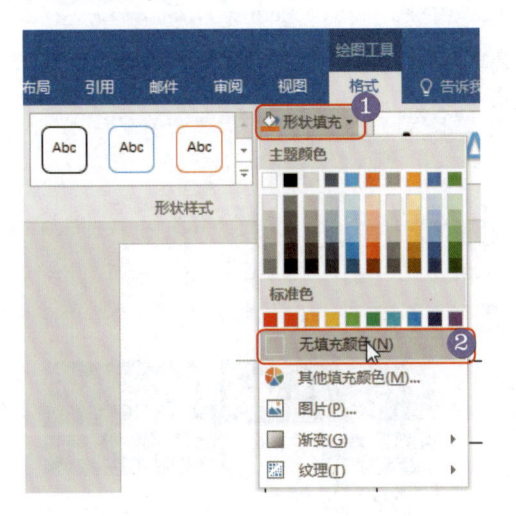

图 5-12

第8步 ❶单击【形状轮廓】下拉按钮，❷选择【无轮廓】选项，如图5-13所示。

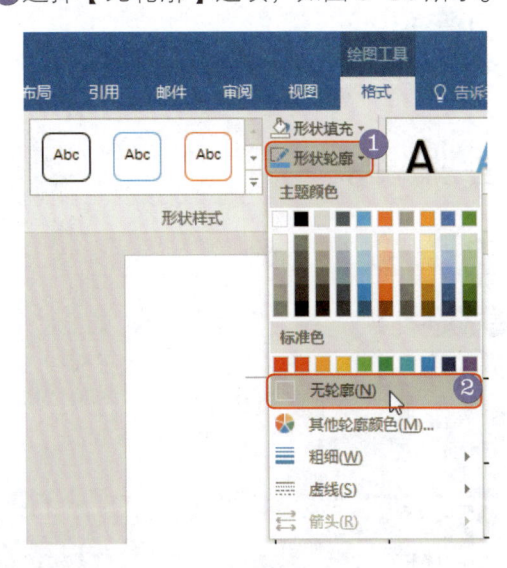

图 5-13

第9步 按住Ctrl键单击并拖动文本框，复制出一个文本框，并移到合适的位置，输入新内容，如图5-14所示。

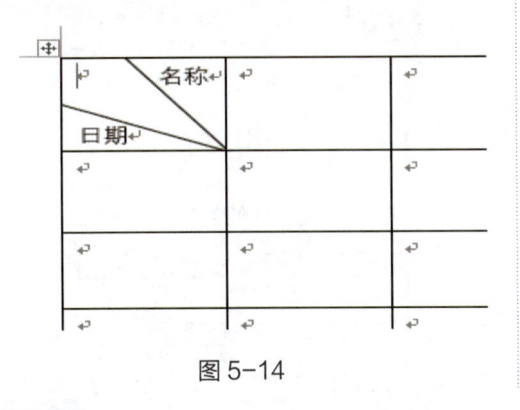

图 5-14

第10步 中间的一格可以直接定位光标进行输入，最终效果如图5-15所示。

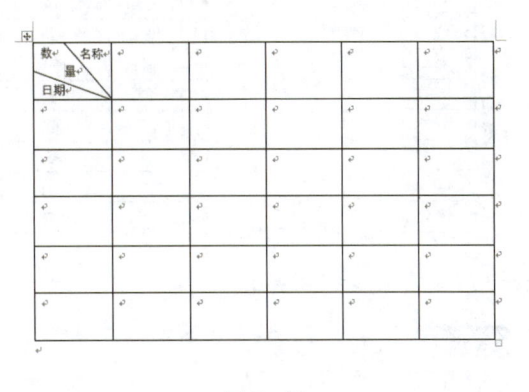

图 5-15

知识拓展

如果只需要将单元格分成两部分，还可以将光标定位在单元格汇总，在【设计】菜单下的【边框】组中，单击【边框】下拉按钮，选择【斜下线框】选项，即可将单元格分成两部分。

101

繁琐工作快上手
短视频学 Word 极简办公

5.1.3 快速插入 Excel 表格

本节将制作快速插入 Excel 表格的案例。本案例需要执行【保留源格式粘贴】命令，可以应用在需要快速插入 Excel 表格的工作场景。

＜＜扫码获取配套视频课程，本节视频课程播放时长约为 32 秒。

■ 操作步骤

第 1 步　打开名为"报价单"的 Excel 表格，选中整个表格，右击表格，在弹出的快捷菜单中选择【复制】菜单项，如图 5-16 所示。

第 2 步　新建空白文档，❶在【开始】菜单下的【剪贴板】组中单击【粘贴】下拉按钮，❷单击【保留源格式】按钮，如图 5-17 所示。

图 5-16

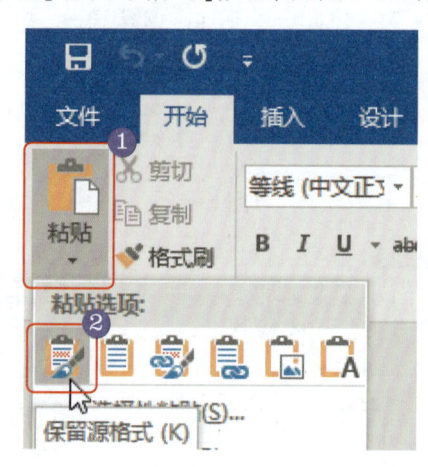

图 5-17

第 3 步　文档中已经插入了表格，通过以上步骤即可完成快速插入 Excel 表格的操作，如图 5-18 所示。

■ 经验之谈

如果用户只想复制 Excel 表格中的数据，单击【粘贴】下拉按钮，单击【只保留文本】按钮，即可只复制数据而不复制表格格式。

图 5-18

5.1.4 将表格转换为文本

本节制作将表格转换为文本的案例。本案例需要执行【布局】→【数据】命令,可以应用在需要将表格转换为文本的工作场景。

<< 扫码获取配套视频课程,本节视频课程播放时长约为 25 秒。

操作步骤

第1步 打开名为"将表格转换为文本"的文档,将光标定位在任意单元格内,❶单击【布局】菜单,❷单击【数据】下拉按钮,❸单击【转换为文本】按钮,如图 5-19 所示。

第2步 弹出【表格转换成文本】对话框,❶选中【制表符】单选按钮,❷单击【确定】按钮,如图 5-20 所示。

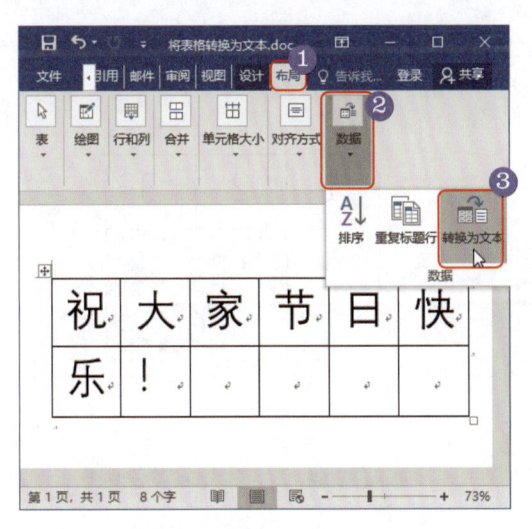

图 5-19

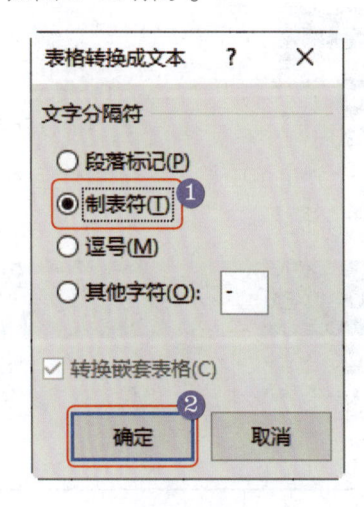

图 5-20

第3步 表格已经转换成文本,如图 5-21 所示。

■ 经验之谈

如果想要将文本转换为表格,选中文本,单击【插入】菜单,单击【表格】下拉按钮,选择【文本转换成表格】选项即可。

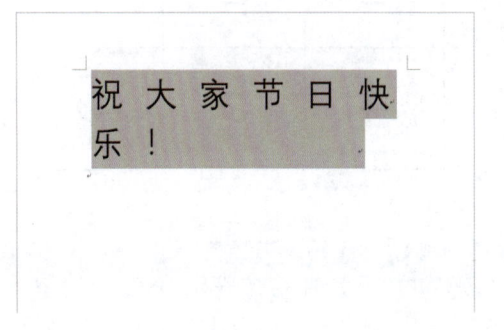

图 5-21

5.2 编辑表格

在制作表格时，用户可以对表格进行编辑与设置，比如拆分单元格、合并单元格、添加行和列、快速让列的宽度适应内容等。

5.2.1 拆分与合并单元格

本节将制作拆分与合并单元格的案例。本案例需要执行【布局】→【合并】命令，可以应用在需要拆分与合并单元格的工作场景。

<< 扫码获取配套视频课程，本节视频课程播放时长约为35秒。

操作步骤

第1步 打开名为"拆分与合并单元格"的文档，选中两个单元格，❶单击【布局】菜单，❷在【合并】组中单击【合并单元格】按钮，如图5-22所示。

第2步 可以看到选中的两个单元格已经合并，如图5-23所示。

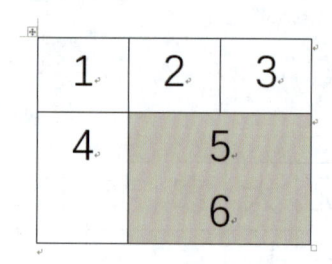

图 5-23

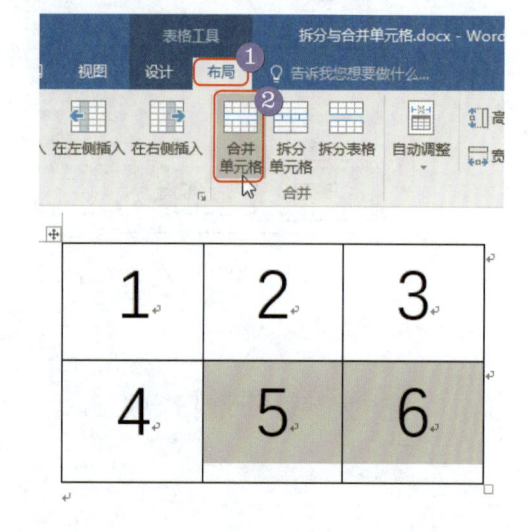

图 5-22

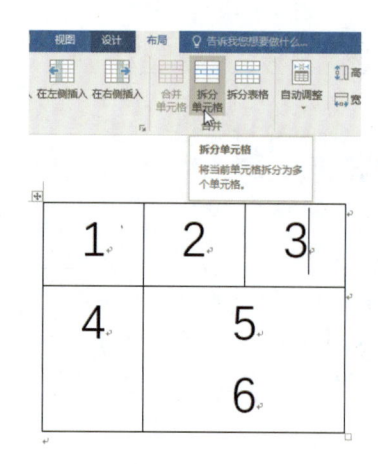

图 5-24

第3步 将光标定位在准备拆分的单元格中，在【合并】组中单击【拆分单元格】按钮，如图5-24所示。

第4步 弹出【拆分单元格】对话框，❶在【列数】和【行数】微调框中输入数值，❷单击【确定】按钮，如图5-25所示。

第5步 可以看到光标所在的单元格已经被拆分为4个单元格，如图5-26所示。

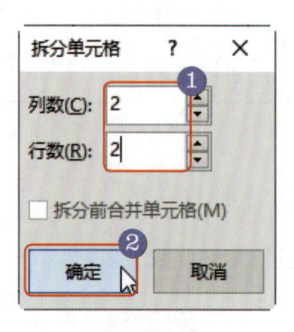

图 5-25

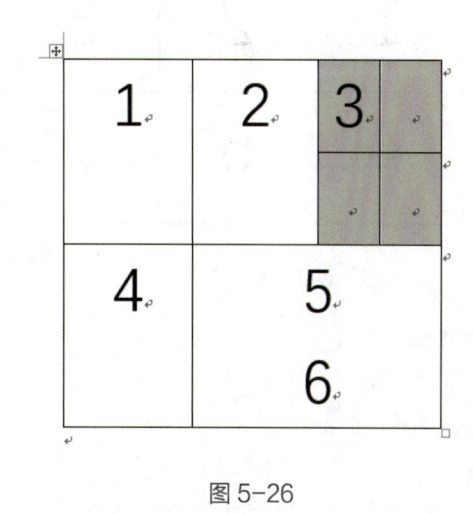

图 5-26

知识拓展

除了拆分单元格以外，用户还可以拆分整个表格，选中准备拆分表格的行或列，在【布局】菜单中的【合并】组中单击【拆分表格】按钮，即可将表格沿选中的行或列分开变成两个表格。

5.2.2 添加行和列

如果已经创建的表格不能满足用户的需要，可以在原有表格中继续添加行和列。本节将制作添加行和列的案例。本案例直接在表格中操作即可，可以应用在需要添加行和列的工作场景。

<< 扫码获取配套视频课程，本节视频课程播放时长约为34秒。

操作步骤

第1步 打开名为"添加行和列"的文档，将鼠标指针移至两列之间，表格中会出现添加按钮⊕，单击该按钮，如图5-27所示。

第2步 可以看到两列之间已经添加了一列空白列，如图5-28所示。

105

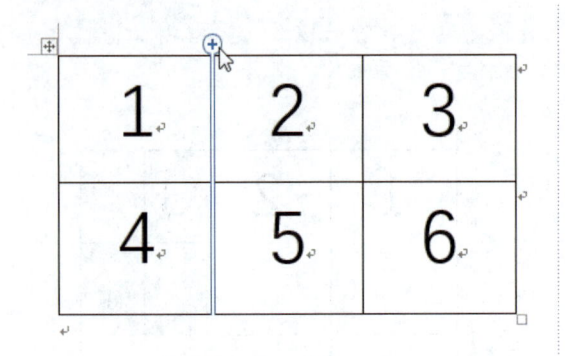

图 5-27　　　　　　　　　　　　　图 5-28

第 3 步 将鼠标指针移至两行之间，表格中会出现添加按钮⊕，单击该按钮，如图 5-29 所示。

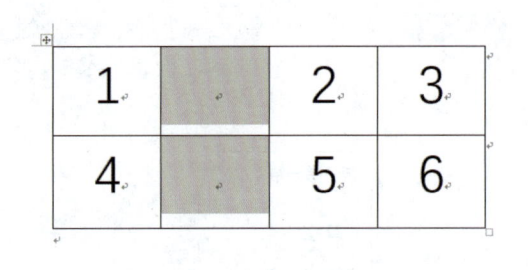

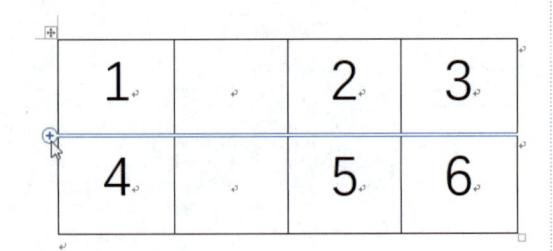

第 4 步 可以看到两行之间已经添加了一行空白行，如图 5-30 所示。

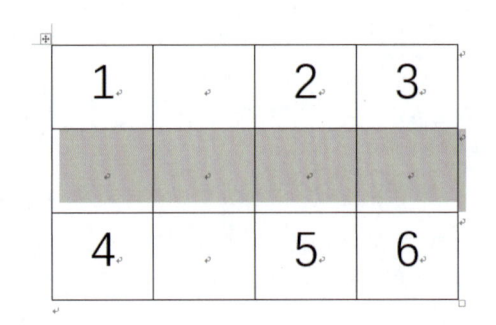

图 5-29　　　　　　　　　　　　　图 5-30

知识拓展

　　将光标定位在表格内的单元格中，右击并在弹出的快捷菜单中选择【插入】菜单项，在弹出的子菜单中可以选择插入列或行；将光标定位到某行表格外的最后面，按下回车键，即可快速创建一行。

5.2.3　快速让列的宽度适应内容

　　创建表格后，用户往往需要根据输入的内容调整表格的行高和列宽，此时可以使用手动调整的方式使行高和列宽适应内容。本节以快速调整列宽为例，讲解手动让列宽适应内容的操作。

　　<< 扫码获取配套视频课程，本节视频课程播放时长约为 25 秒。

操作步骤

第 1 步 打开名为"快速让列的宽度适应内容"的文档，在第 1 个单元格中输入内容，超过列宽的内容会自动转到下一行，将鼠标指针移至列框线上，指针变为 ↔ 形状，双击鼠标左键，如图 5-31 所示。

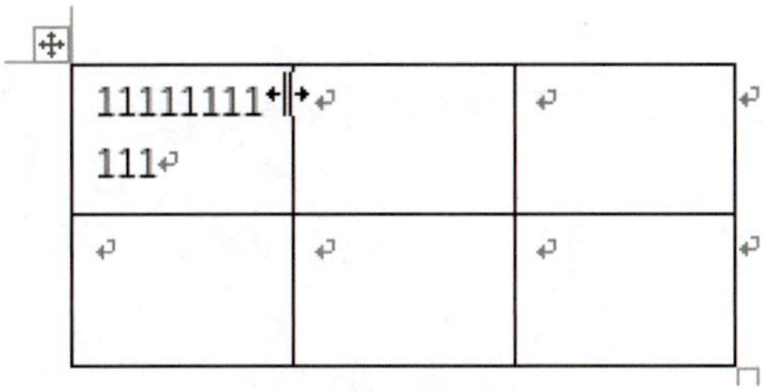

第 2 步 可以看到第 1 列的宽度已经根据输入的内容进行了调整，内容显示在同一行，如图 5-32 所示。

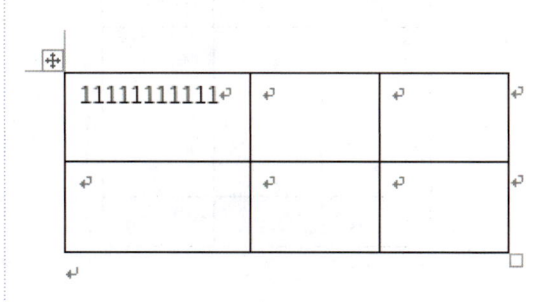

图 5-31

图 5-32

5.2.4 平均分布行高和列宽

在制表的时候，可能经常会为了一些内容而去调整行高与列宽，最终会让单元格大小不一致，使表格显得参差不齐，这时可以使用【平均分布行高和列宽】命令使单元格大小一致。

<< 扫码获取配套视频课程，本节视频课程播放时长约为 27 秒。

操作步骤

第 1 步 打开名为"平均分布行高和列宽"的文档，可以看到行高和列宽都是不均等的，如图 5-33 所示。

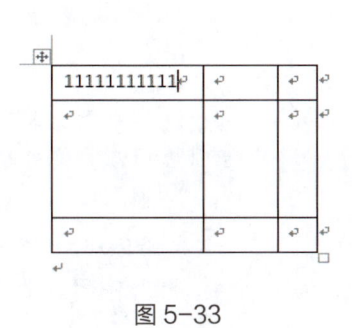

第 2 步 选中整个表格，右击表格，选择【平均分布各列】菜单项，如图 5-34 所示。

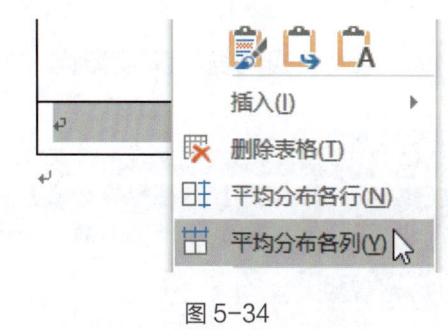

图 5-33

图 5-34

107

第 3 步 可以看到表格各列都变得等宽，如图 5-35 所示。

第 4 步 选中整个表格，右击表格，选择【平均分布各行】菜单项，如图 5-36 所示。

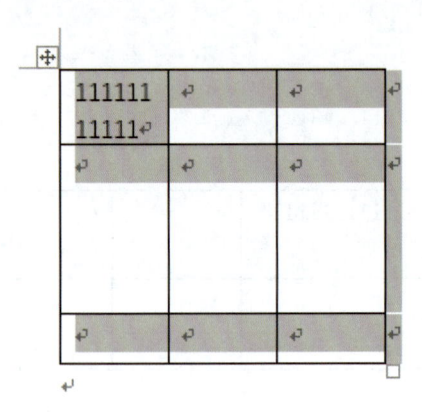

图 5-35

图 5-36

第 5 步 可以看到表格各行都变得等高，如图 5-37 所示。

■ 经验之谈

除了右击设置外，用户还可以在【布局】菜单中的【单元格大小】组中，单击【分布列】和【分布行】按钮，实现平均分布行高和列宽的操作。

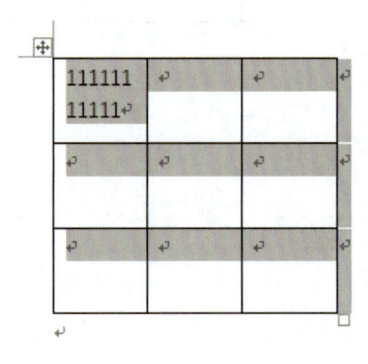

图 5-37

5.3 设置表格格式

表格格式包括表格的样式、属性、行高、列宽、边框和底纹等，通过对表格格式进行设置，可以使表格变得更加美观。

5.3.1 更改表格内容的文字方向

本节将制作更改表格内容的文字方向的案例。本案例需要执行【布局】→【对齐方式】→【文字方向】命令，可以应用在需要更改表格内容的文字方向的工作场景。

<< 扫码获取配套视频课程，本节视频课程播放时长约为 20 秒。

第 5 章 表格和图表的应用

▼ 操作步骤

第 1 步 打开名为"请假单"的文档,选中最后一行中的"说明"两字,❶单击【布局】菜单,❷单击【对齐方式】下拉按钮,❸单击【文字方向】按钮,如图 5-38 所示。

第 2 步 可以看到选中的文字已经由横排变为竖排显示,通过以上步骤即可完成更改表格内容的文字方向的操作,如图 5-39 所示。

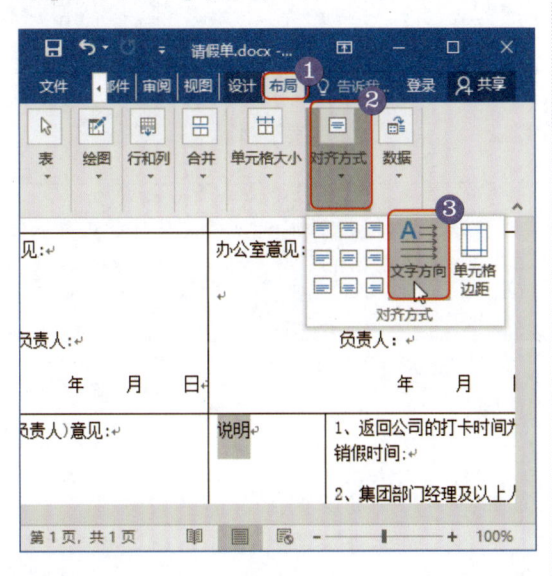

图 5-38

图 5-39

5.3.2 设置表格的对齐方式

本节将制作设置表格的对齐方式的案例。本案例需要执行【布局】→【对齐方式】→【水平居中】命令,可以应用在需要设置表格对齐方式的工作场景。

<< 扫码获取配套视频课程,本节视频课程播放时长约为 18 秒。

▼ 操作步骤

第 1 步 打开名为"请假单"的文档,选中第 1 行单元格,可以看到单元格中的文字是左对齐的,❶单击【布局】菜单,❷单击【对齐方式】下拉按钮,❸单击【水平居中】按钮,如图 5-40 所示。

第 2 步 可以看到选中的单元格中的文字已经在水平和垂直方向上都居中显示,通过以上步骤即可完成设置表格对齐方式的操作,如图 5-41 所示。

109

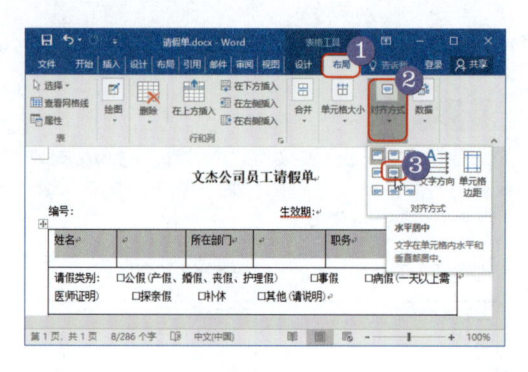

图 5-40 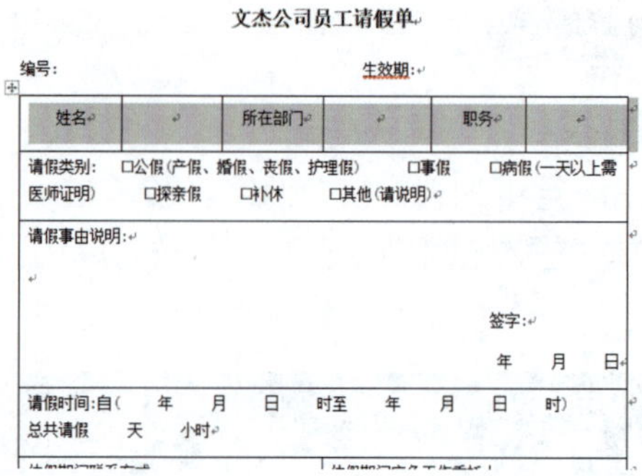　　　　　　　　　　　　　图 5-41

知识拓展

在【对齐方式】组中包括靠上两端对齐、靠上居中对齐、靠上右对齐、中部两端对齐、水平居中、中部右对齐、靠下两端对齐、靠下居中对齐和靠下右对齐共 9 种对齐方式。

5.3.3　设置表格在页面中的位置

本节将制作设置表格在页面中的位置的案例。本案例需要通过【表格属性】对话框来实现，可以应用在需要设置表格在页面中位置的工作场景。

<< 扫码获取配套视频课程，本节视频课程播放时长约为 44 秒。

操作步骤

第 1 步　打开名为"设置表格在页面中的位置"的文档，选中整个表格，右击表格，选择【表格属性】菜单项，如图 5-42 所示。

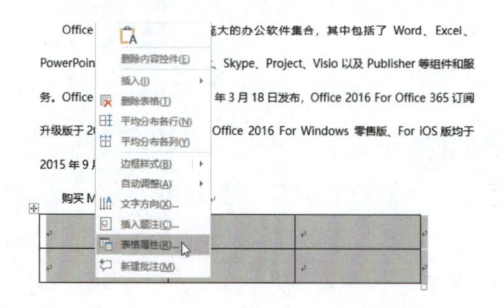

第 2 步　弹出【表格属性】对话框，❶在【表格】选项卡下单击【环绕】按钮，❷单击【定位】按钮，如图 5-43 所示。

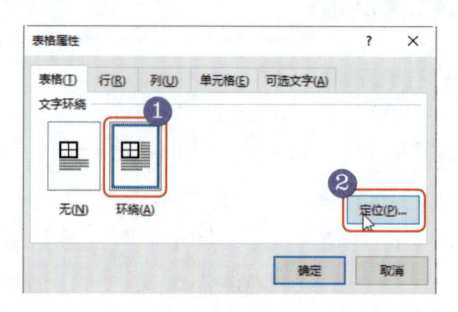

图 5-42　　　　　　　　　　　　　图 5-43

第5章 表格和图表的应用

第3步 弹出【表格定位】对话框，❶在【距正文】区域中的【上】、【下】、【左】、【右】微调框中输入数值，❷勾选【允许重叠】复选框，❸单击【确定】按钮，如图5-44所示。

第4步 返回【表格属性】对话框，单击【确定】按钮，返回文档中，移动表格位置，可以看到表格已经嵌入文本中间，通过以上步骤即可完成设置表格在页面中位置的操作，如图5-45所示。

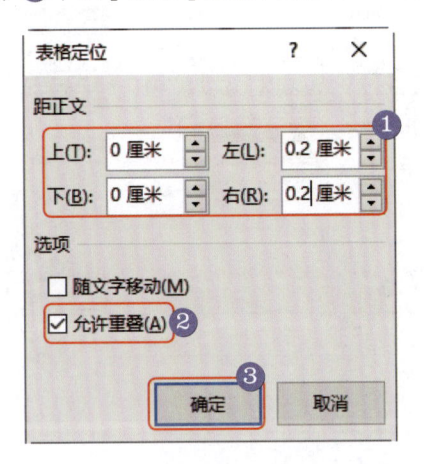

图 5-44

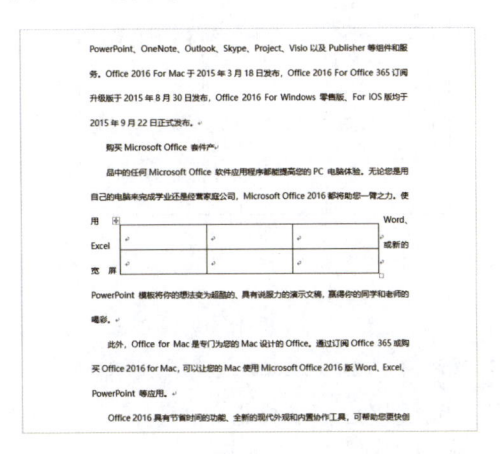

图 5-45

知识拓展

在【表格属性】对话框下的【表格】选项卡中，在【文字环绕】区域单击【无】按钮，则不可以设置表格的环绕方式。

5.3.4 自定义表格的边框样式

本节将制作自定义表格的边框样式的案例。本案例需要通过【边框和底纹】对话框来实现，可以应用在需要设置表格边框样式的工作场景。

<< 扫码获取配套视频课程，本节视频课程播放时长约为33秒。

操作步骤

第1步 打开名为"文档5"的文档，选中整个表格，❶单击【设计】菜单，❷在【边框】组中单击对话框开启按钮，如图5-46所示。

第2步 弹出【边框和底纹】对话框，❶在【边框】选项卡下单击【全部】按钮，❷设置边框样式，❸设置颜色，❹设置宽度，❺单击【确定】按钮，如图5-47所示。

111

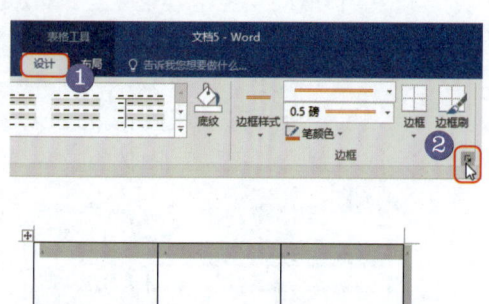

图 5-46

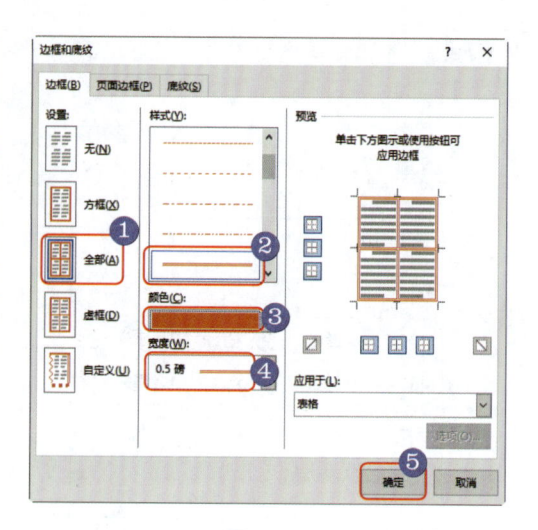

图 5-47

第 3 步 返回到文档，表格边框已经发生改变，通过以上步骤即可完成自定义表格边框的操作，如图 5-48 所示。

■ 经验之谈

在【预览】区域，用户还可以设置表格四边的边框是否保留，还可以为单元格添加斜边框。

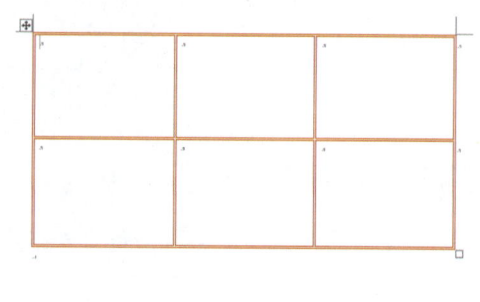

图 5-48

5.3.5 设置表格的底纹

本节将制作设置表格底纹的案例。本案例需要通过【边框和底纹】对话框来实现，可以应用在需要设置表格底纹的工作场景。

<< 扫码获取配套视频课程，本节视频课程播放时长约为 28 秒。

🔻 操作步骤

第 1 步 打开名为"文档 5"的文档，选中整个表格，❶单击【设计】菜单，❷在【边框】组中单击对话框开启按钮，如图 5-49 所示。

第 2 步 弹出【边框和底纹】对话框，❶单击【底纹】选项卡，❷在【填充】下拉列表中选择颜色，❸设置样式，❹单击【确定】按钮，如图 5-50 所示。

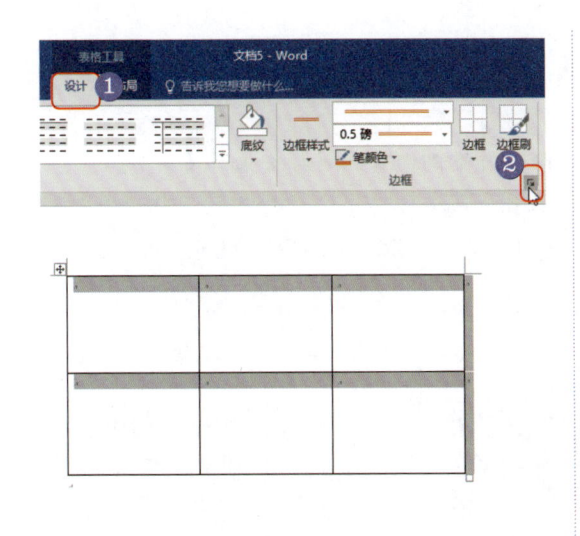

图 5-49

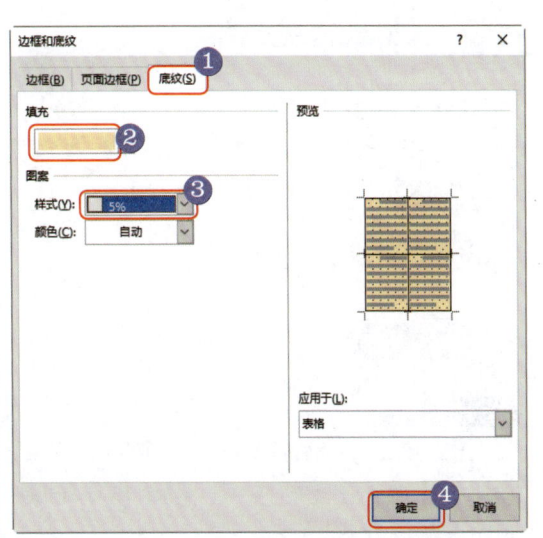

图 5-50

第3步 返回到文档，表格已经添加了底纹，通过以上步骤即可完成设置表格底纹的操作，如图 5-51 所示。

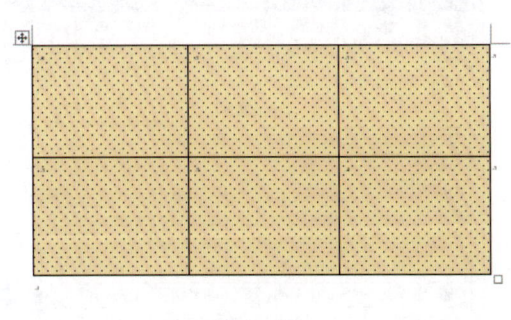

图 5-51

■ 经验之谈

在【预览】区域，用户还可以设置将底纹应用于表格或者应用到文字、段落以及单元格中。

■ 知识拓展

选中表格，在【设计】选项卡下的【表格样式】组中，用户还可以为表格应用 Word 自带的表格样式，这样就不用单独设置边框和底纹了。

5.4 处理表格数据

在 Word 中使用表格，除了可以在其中表达数据内容外，还可以对表格中的内容进行排序与运算等操作，使用排序与运算功能可以对表格中的数据进行分析处理，从而使表格中的内容更有条理、更清晰。

5.4.1 按姓氏笔划排序

本节将制作按姓氏笔划排序的案例。本案例需要执行【布局】→【数据】→【排序】命令,可以应用在需要对表格进行排序的工作场景。

<< 扫码获取配套视频课程,本节视频课程播放时长约为 27 秒。

操作步骤

第 1 步 打开名为"按姓氏笔划排序"的文档,选中整个表格,❶单击【布局】菜单,❷单击【数据】下拉按钮,❸单击【排序】按钮,如图 5-52 所示。

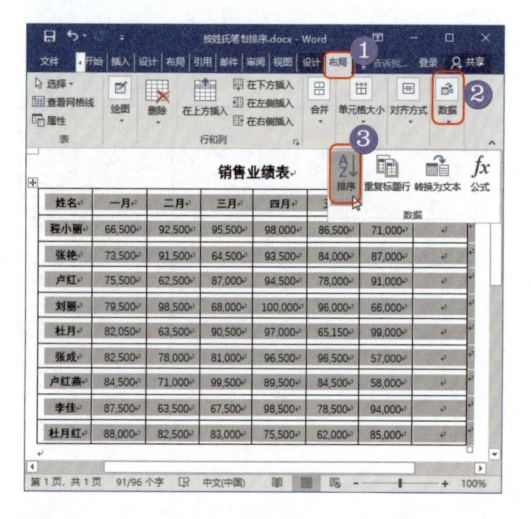

图 5-52

第 2 步 弹出【排序】对话框,❶在【主要关键字】区域的【类型】列表中选择【笔划】选项,❷选中【升序】单选按钮,❸单击【确定】按钮,如图 5-53 所示。

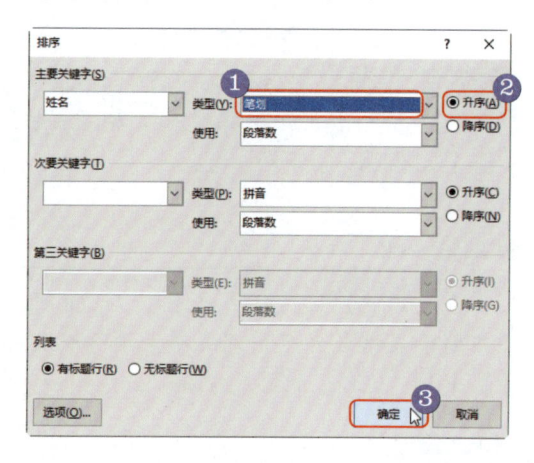

图 5-53

第 3 步 返回到文档,表格已经按照姓氏笔划进行升序排序,如图 5-54 所示。

■ 经验之谈

在【排序】对话框中,用户还可以继续添加次要关键字,当主要关键字无法排出顺序时,就按照次要关键字继续排序。

图 5-54

5.4.2 在表格里使用公式进行计算

本节将制作使用公式对表格数据进行计算的案例。本案例需要执行【布局】→【数据】→【公式】命令，可以应用在需要对表格数据进行计算的工作场景。

<< 扫码获取配套视频课程，本节视频课程播放时长约为 26 秒。

操作步骤

第1步 打开名为"在表格里使用公式进行计算"的文档，将光标定位在第 2 行最后一个单元格中，❶单击【布局】菜单，❷单击【数据】下拉按钮，❸单击【公式】按钮，如图 5-55 所示。

第2步 弹出【公式】对话框，默认为求和公式"=SUM（LEFT）"，单击【确定】按钮，如图 5-56 所示。

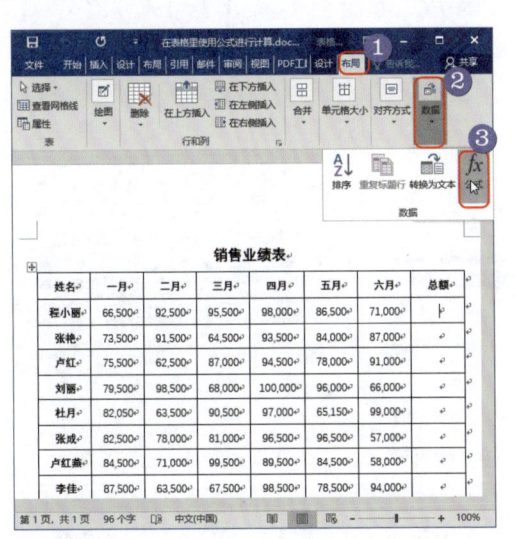

图 5-55

图 5-56

第3步 返回到文档，光标所在单元格已经求出了一月至六月的销售总和，如图 5-57 所示。

图 5-57

■ 经验之谈

如果需要进行其他运算，可以单击【公式】对话框中的【粘贴函数】下拉按钮，在其中选择所需函数。

繁琐工作快上手
短视频学 Word 极简办公

> **知识拓展**
>
> Word 表格中的公式不能像 Excel 那样轻松地进行复制，但也有其他办法进行重复操作，对某单元格进行公式计算后，不要进行任何操作，立即将光标定位在需要复制公式的单元格中，按 F4 键即可复制公式继续计算，F4 键的作用是重复上一步操作。

5.5 在文档中使用图表

Word 支持各种类型的图表，以分析不同类型的数据。在 Word 中，用户可以很轻松地创建具有专业外观的图表，如柱形图、折线图、饼图、条形图、面积图和散点图等。

5.5.1 插入图表

本节将制作插入图表的案例。本案例需要执行【插入】→【插图】→【图表】命令，可以应用在需要插入图表的工作场景。

<< 扫码获取配套视频课程，本节视频课程播放时长约为 1 分 01 秒。

▼ **操作步骤**

第 1 步 打开名为"插入图表"的文档，选中整个表格，❶单击【插入】菜单，❷单击【插图】下拉按钮，❸单击【图表】按钮，如图 5-58 所示。

第 2 步 弹出【插入图表】对话框，❶选择【柱形图】选项，❷选择【三维簇状柱形图】选项，❸单击【确定】按钮，如图 5-59 所示。

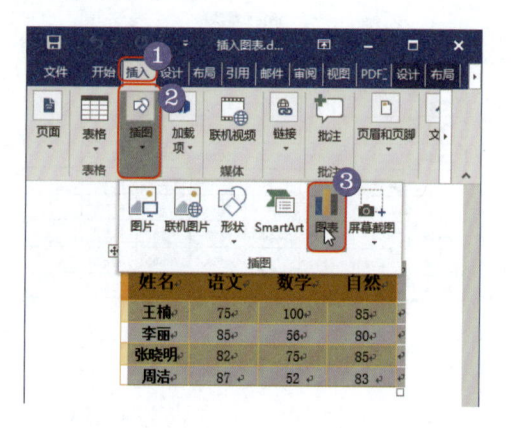

图 5-58

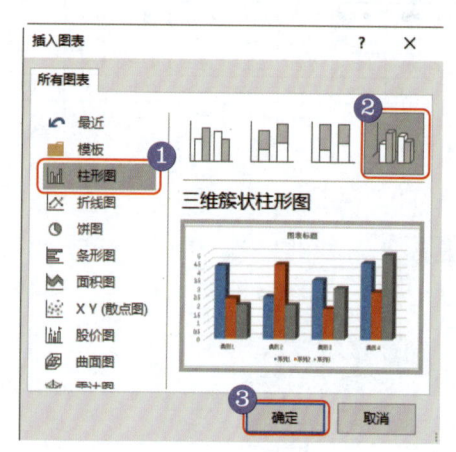

图 5-59

第 3 步　弹出 Excel 表格，如图 5-60 所示。

图 5-60

第 5 步　输入数据，如图 5-62 所示。

图 5-62

第 4 步　将 "系列 1"～"系列 3"修改为学科的名称；将 "类别 1"～"类别 4"修改为学生的名字，如图 5-61 所示。

图 5-61

第 6 步　返回文档，表格中已经插入了图表，如图 5-63 所示。

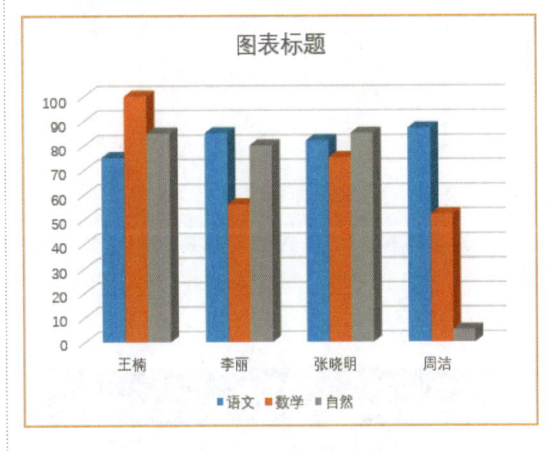

图 5-63

5.5.2　更改图表布局和样式

本节将制作更改图表布局和样式的案例。本案例需要通过图表的【设计】选项卡来实现，可以应用在需要更改图表布局和样式的工作场景。

<< 扫码获取配套视频课程，本节视频课程播放时长约为 25 秒。

繁琐工作快上手
短视频学 Word 极简办公

▼ 操作步骤

第1步 打开名为"更改图表布局和样式"的文档，选中图表，❶单击【设计】菜单，❷在【图表布局】组中单击【快速布局】下拉按钮，❸选择一种布局样式，如图5-64所示。

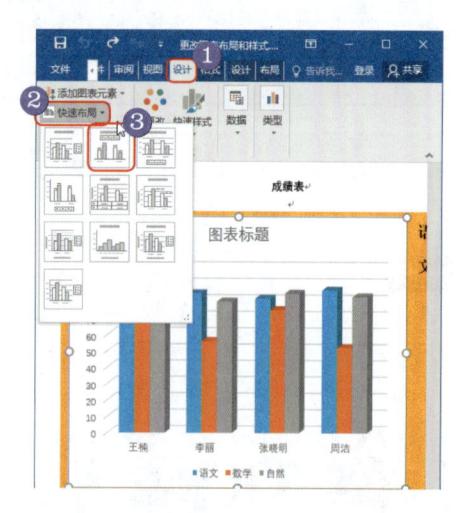

图 5-64

第3步 ❶在【设计】菜单中的【图表样式】组中单击【快速样式】下拉按钮，❷选择一种样式，如图5-66所示。

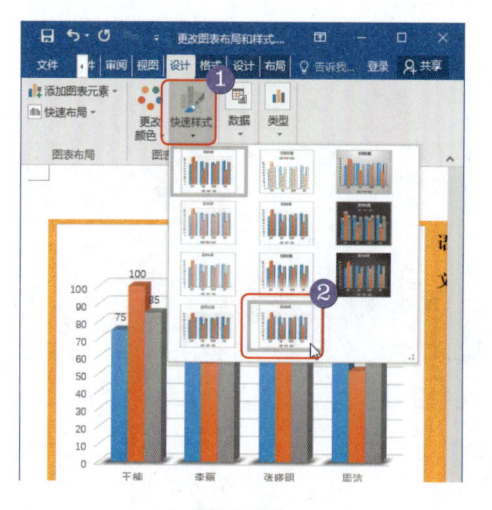

图 5-66

第2步 图表的布局已经更改，如图5-65所示。

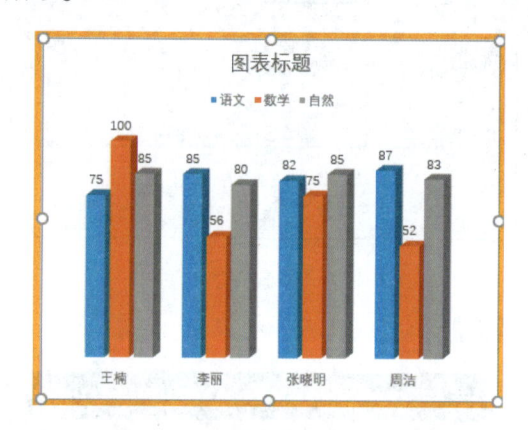

图 5-65

第4步 图表的样式已经更改，如图5-67所示。

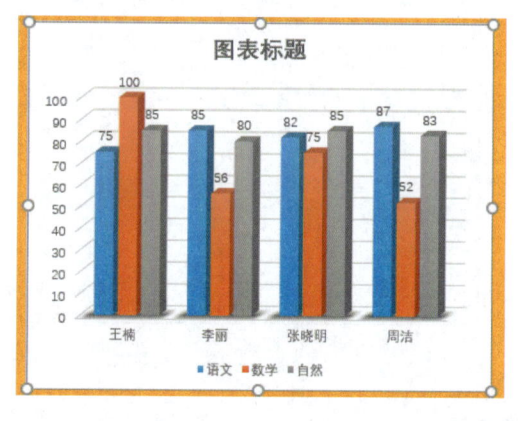

图 5-67

■ 经验之谈

　　如果想要更改图表类型，可以在【设计】选项卡中单击【更改图表类型】按钮，即可弹出【更改图表类型】对话框，在其中选择新的图表类型即可。

5.5.3 设置图表标题

本节将制作设置图表标题的案例。本案例需要通过图表的【设计】选项卡来实现，可以应用在需要设置图表标题的工作场景。

<< 扫码获取配套视频课程，本节视频课程播放时长约为 34 秒。

操作步骤

第1步 打开名为"设置图表标题"的文档，选中图表，❶单击【设计】菜单，❷在【图表布局】组中单击【添加图表元素】下拉按钮，❸选择【图表标题】选项，❹选择【图表上方】选项，如图 5-68 所示。

第2步 可以看到在图表的上方已经添加了"图表标题"文本框，如图 5-69 所示。

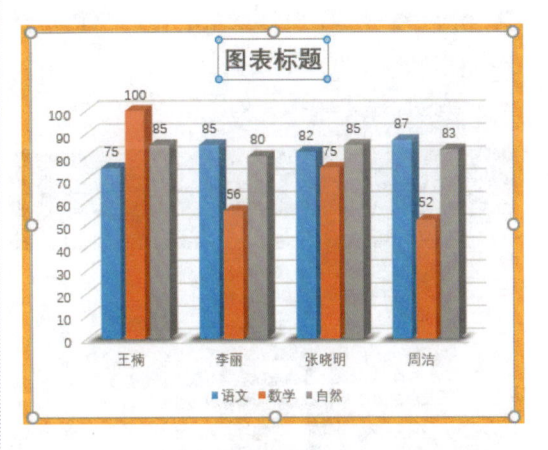

图 5-69

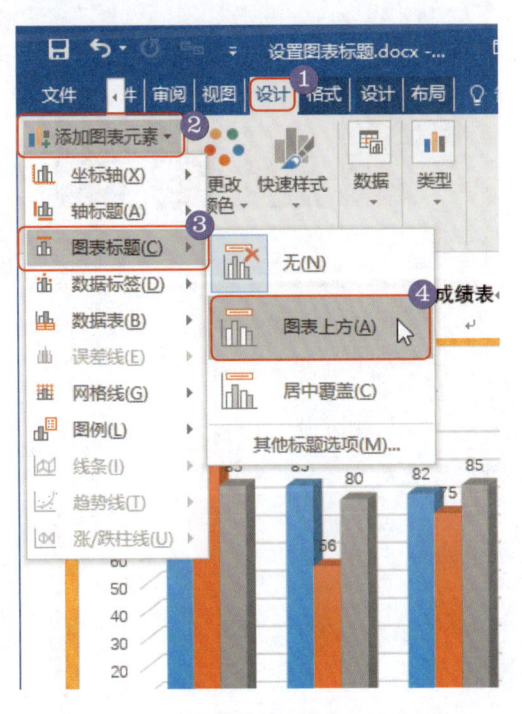

图 5-68

第3步 使用输入法输入标题，通过以上步骤即可完成设置图表标题的操作，如图 5-70 所示。

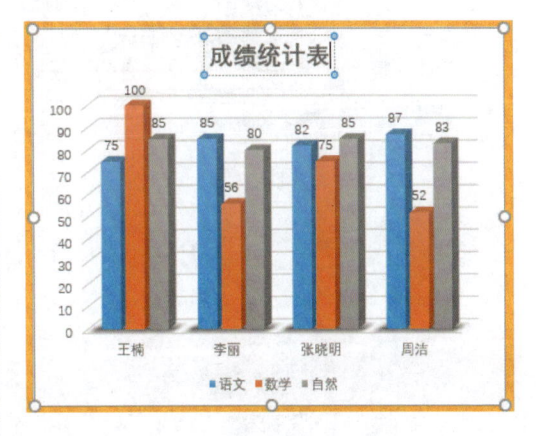

图 5-70

5.5.4 为图表添加数据标签

本节将制作为图表添加数据标签的案例。本案例需要通过图表的【设计】选项卡来实现,可以应用在需要为图表添加数据标签的工作场景。

<< 扫码获取配套视频课程,本节视频课程播放时长约为23秒。

操作步骤

第1步 打开名为"为图表添加数据标签"的文档,选中图表,❶单击【设计】菜单,❷在【图表布局】组中单击【添加图表元素】下拉按钮,❸选择【数据标签】选项,❹选择【数据标注】选项,如图5-71所示。

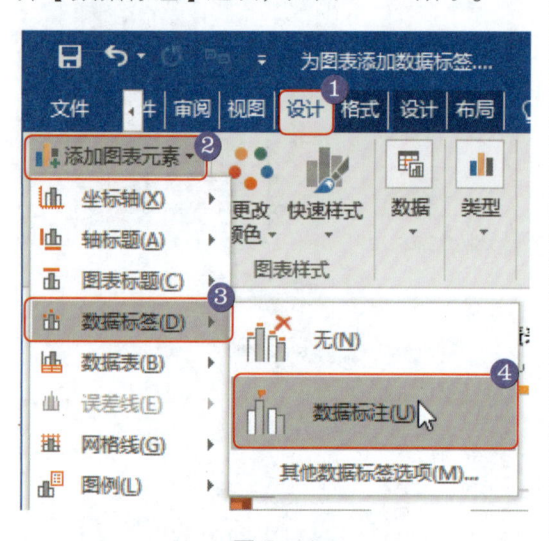

图 5-71

第2步 可以看到图表已经添加了数据标注,如图5-72所示。

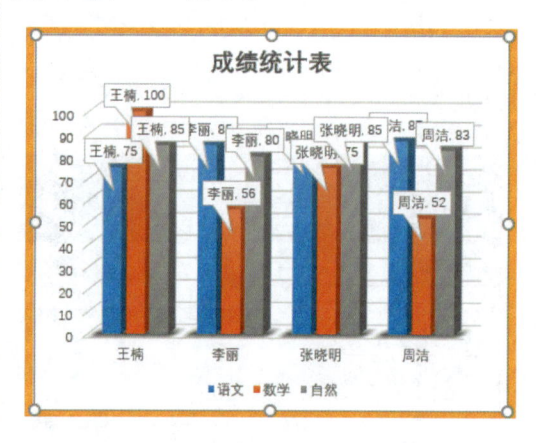

图 5-72

■ **经验之谈**

用户如选择【其他数据标签选项】,可打开【设置数据标签格式】窗口,在其中可以详细设置标签的填充颜色、边框颜色以及标签内容。

第 6 章
编辑长文档与多文档

　　本章主要介绍排版长文档的操作与技巧，同时讲解查看与编辑长文档的知识。通过本章的学习，读者可以掌握编辑长文档与多文档的技巧，为深入学习 Word 知识奠定基础。

用手机扫描二维码
获取本章学习素材

6.1 排版长文档

在编辑一个长文档时，如果将所有的内容都放在一个文档中，因为文档太大，会占用很大的资源，用户在翻动文档时，速度也会变得非常慢。如果将文档的各个部分分别作为独立的文档，又无法对整篇文章做统一处理，而且文档过多也容易引起混乱。使用 Word 的主控文档，是制作长文档最合适的方法。主控文档包含几个独立的子文档，可以用主控文档控制整篇文章或整本书，而把书的各个章节作为主控文档的子文档。

6.1.1 创建主控文档和子文档

> 本节将制作创建主控文档和子文档的案例。本案例需要运用【大纲】菜单的知识点，可以应用在需要创建主控文档和子文档的工作场景。
>
> << 扫码获取配套视频课程，本节视频课程播放时长约为 47 秒。

▼ 操作步骤

第 1 步 新建空白文档，将其命名为"主文档"，输入内容，如图 6-1 所示。

第 2 步 每段内容设置"标题 1"样式，如图 6-2 所示。

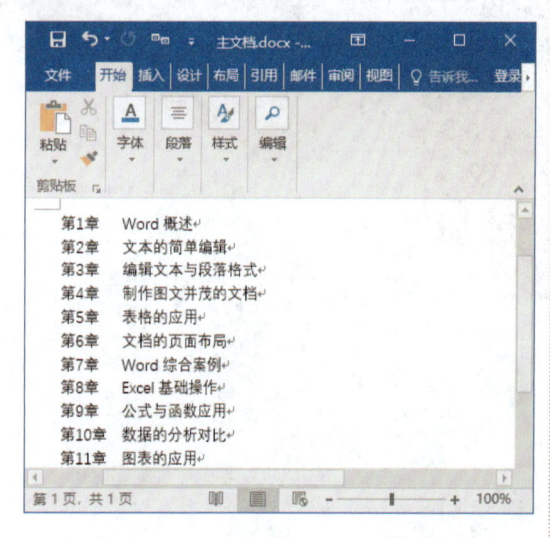

图 6-1

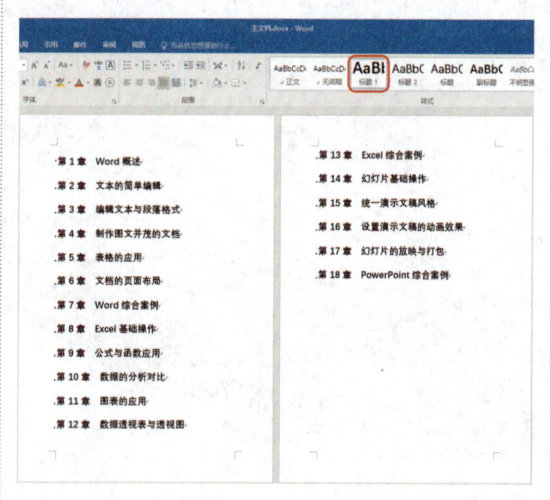

图 6-2

第 3 步 ❶单击【视图】菜单，❷单击【视图】下拉按钮，❸单击【大纲视图】按钮，如图 6-3 所示。

第 4 步 进入【大纲】菜单，❶单击【主控文档】下拉按钮，❷单击【显示文档】按钮，如图 6-4 所示。

第6章 编辑长文档与多文档

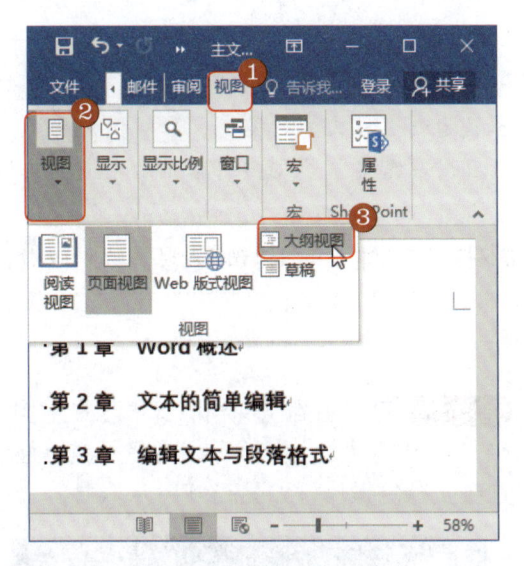

图 6-3

图 6-4

第6步 原文档将变为主控文档，并根据选定的内容创建子文档，如图 6-6 所示。

第5步 按 Ctrl+A 组合键，在【主控文档】组中单击【创建】按钮，如图 6-5 所示。

图 6-5

图 6-6

第7步 按 Ctrl+S 组合键保存文档，在主文档所在文件夹生成如图 6-7 所示的效果文档。

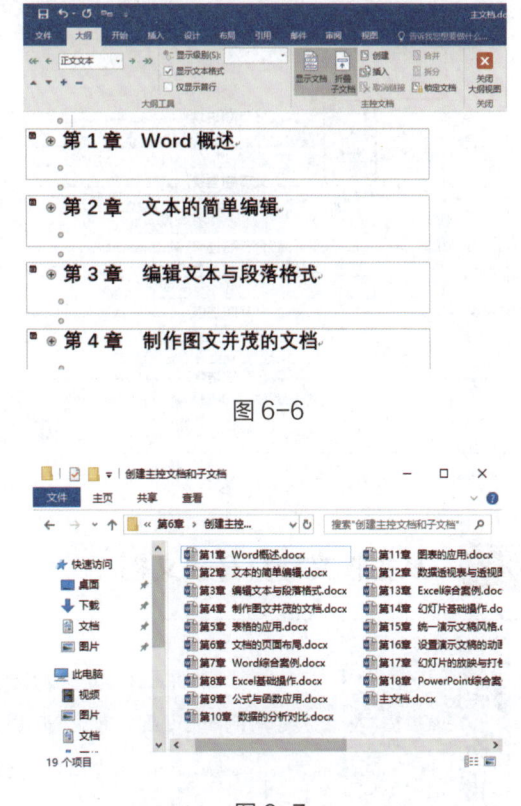

图 6-7

123

6.1.2 将子文档内容显示到主控文档

本节将制作将子文档内容显示到主控文档的案例。本案例需要运用【大纲】菜单的知识点，可以应用在需要将子文档内容显示到主控文档的工作场景。

<< 扫码获取配套视频课程，本节视频课程播放时长约为 19 秒。

操作步骤

第 1 步 打开名为"主文档"的文档，进入【大纲】菜单，❶单击【主控文档】下拉按钮，❷单击【展开子文档】按钮，如图 6-8 所示。

第 2 步 可以看到子文档已经显示在主控文档中，通过以上步骤即可完成将子文档显示在主文档的操作，如图 6-9 所示。

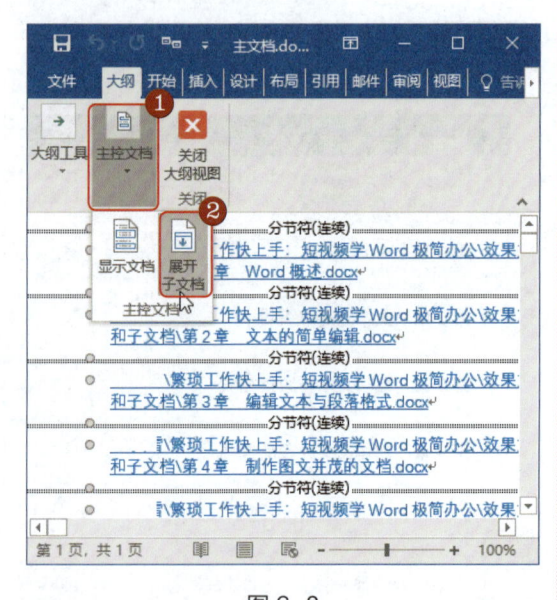

图 6-8

图 6-9

6.1.3 从主控文档打开子文档

本节将制作从主控文档打开子文档的案例。本案例需要运用【大纲】菜单的知识点，可以应用在需要从主控文档打开子文档的工作场景。

<< 扫码获取配套视频课程，本节视频课程播放时长约为 16 秒。

编辑长文档与多文档

▼ 操作步骤

第 1 步 打开名为"主文档"的文档，右击准备打开的子文档超链接"第 1 章　Word 概述"，在弹出的快捷菜单中选择【打开超链接】菜单项，如图 6-10 所示。

第 2 步 可以看到"第 1 章　Word 概述"文档已经被打开，如图 6-11 所示。

图 6-10

图 6-11

▶ 知识拓展

在【大纲】菜单下的【大纲工具】组中，可以对子文档进行降级或者升级的操作，选中子文档，单击【降级】按钮或者【升级】按钮即可。

6.1.4 将多个文档合并到一个文档中

本节将制作将多个文档合并到一个文档中的案例。本案例需要使用【大纲】菜单的知识点，可以应用在需要将多个文档合并到一个文档中的工作场景。

<< 扫码获取配套视频课程，本节视频课程播放时长约为 25 秒。

▼ 操作步骤

第 1 步 新建空白文档，❶单击【插入】菜单，❷单击【文本】下拉按钮，❸单击【对象】下拉按钮，❹选择【文件中的文字】选项，如图 6-12 所示。

第 2 步 弹出【插入文件】对话框，❶选中准备插入的多个文档，❷单击【插入】按钮，如图 6-13 所示。

125

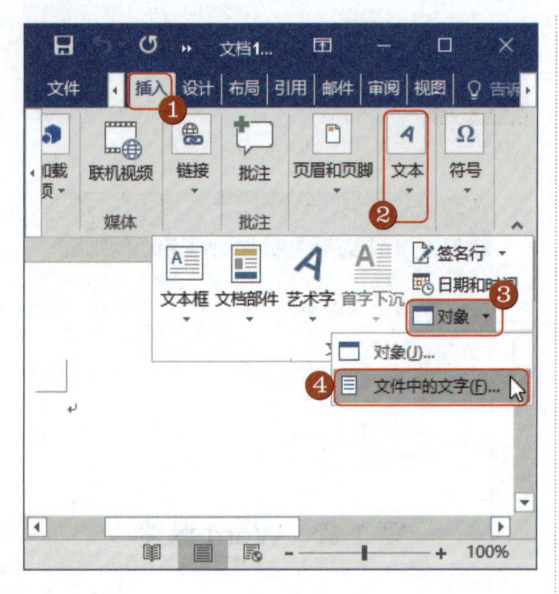

图 6-12

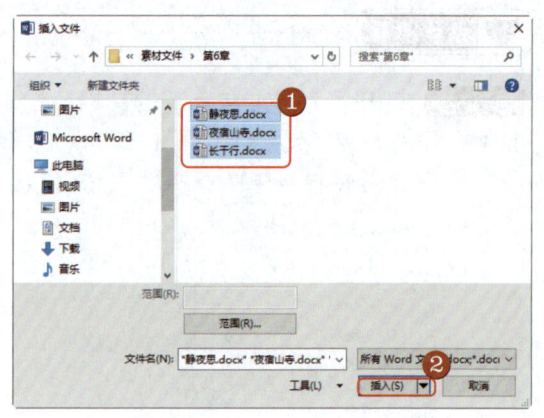

图 6-13

图 6-14

第 3 步 可以看到 3 个文档的内容都已插入新建的文档中，如图 6-14 所示。

6.2 查看与编辑长文档

本节将详细介绍查看与编辑长文档的各种技巧，包括快速查看长文档的目录结构、显示文档缩略图、快速返回上一次编辑的位置、快速定位到指定页中等内容。

6.2.1 快速查看长文档的目录结构

本节将制作快速查看长文档的目录结构的案例。本案例需要运用【导航】窗格的知识点，可以应用在需要快速查看长文档的目录结构的工作场景。

<< 扫码获取配套视频课程，本节视频课程播放时长约为 13 秒。

操作步骤

第1步 打开名为"毕业论文"的文档，❶在【开始】菜单中单击【编辑】下拉按钮，❷单击【查找】按钮，如图6-15所示。

第2步 在文档左侧弹出【导航】窗格，选择【标题】选项，即可查看长文档的目录结构，如图6-16所示。

图 6-15

图 6-16

6.2.2 显示文档缩略图

本节将制作显示文档缩略图的案例。本案例需要执行【另存为】命令，可以应用在需要显示文档缩略图的工作场景。

<< 扫码获取配套视频课程，本节视频课程播放时长约为28秒。

操作步骤

第1步 打开名为"毕业论文"的文档，单击【文件】菜单，如图6-17所示。

第2步 进入 Backstage 视图，❶选择【另存为】选项，❷选择【浏览】选项，如图6-18所示。

图 6-17

图 6-18

第 3 步 弹出【另存为】对话框，❶勾选【保存缩略图】复选框，❷单击【保存】按钮，如图 6-19 所示。

第 4 步 打开文件所在文件夹，选择"查看方式"为【超大图标】，即可看到文档的缩略图，如图 6-20 所示。

图 6-19

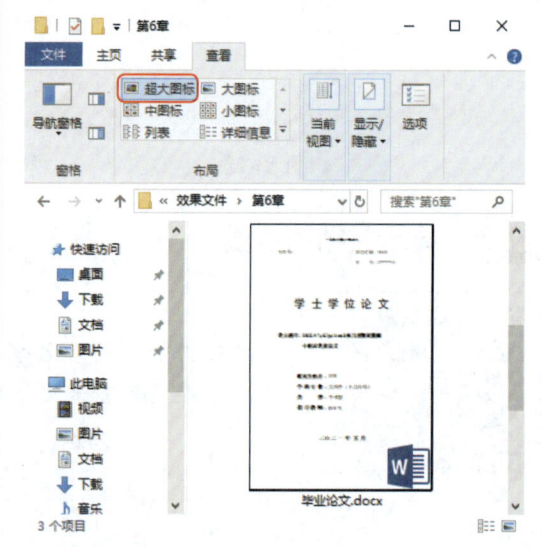

图 6-20

6.2.3 快速返回上一次编辑的位置

在编辑长文档时,用户可能需要快速返回上一次编辑的位置,如果使用鼠标手动滑动费时费力,而且有可能找错位置,Shift+F5 组合键轻松解决了这个问题。

<< 扫码获取配套视频课程,本节视频课程播放时长约为 35 秒。

操作步骤

第 1 步 打开名为"快速返回上一次编辑的位置"的文档,将光标定位在第 2 段最后一个字后面,键入空格,如图 6-21 所示。

第 2 步 按删除键删除空格,单击【文件】菜单,如图 6-22 所示。

图 6-21

图 6-22

第 3 步 进入 Backstage 视图,选择【保存】选项,关闭文档,如图 6-23 所示。

第 4 步 重新打开文档,按 Shift+F5 组合键,即可将光标重新定位到上一次编辑的位置,如图 6-24 所示。

图 6-23

图 6-24

6.2.4 快速定位到指定页中

本节将制作快速定位到指定页中的案例。本案例需要执行【转到】命令，可以应用在需要快速定位到指定页中的工作场景。

<< 扫码获取配套视频课程，本节视频课程播放时长约为36秒。

操作步骤

第1步 打开名为"毕业论文"的文档，在文档左下角可以看到共29页，❶在【开始】菜单中单击【编辑】下拉按钮，❷单击【查找】下拉按钮，❸选择【转到】选项，如图6-25所示。

第2步 弹出【查找和替换】对话框，❶在【定位】选项卡的【定位目标】的下拉列表框中选择【页】选项，❷在【插入页号】文本框中输入"25"，❸单击【定位】按钮，如图6-26所示。

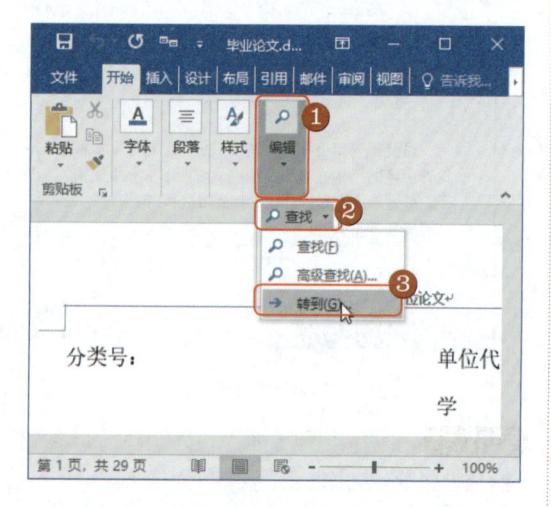

图6-25

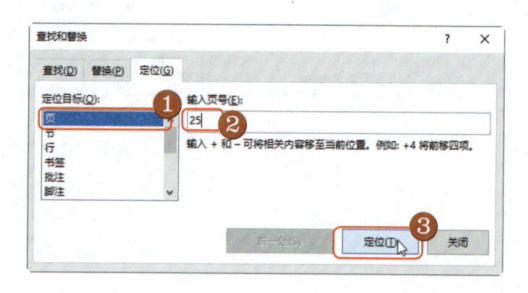

图6-26

第3步 单击【关闭】按钮关闭对话框，可以看到文档已经定位到第25页，通过以上步骤即可完成快速定位到指定页中的操作，如图6-27所示。

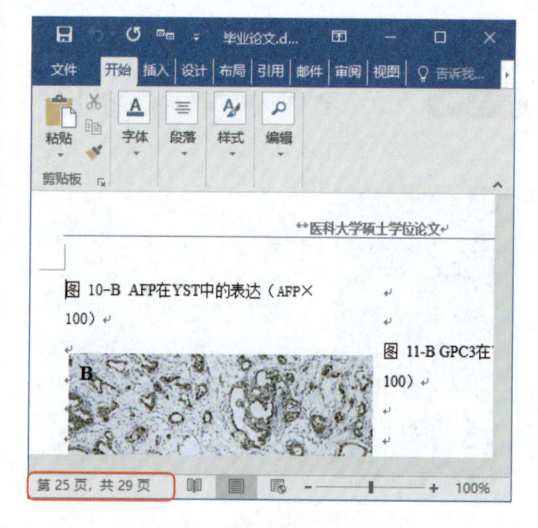

图6-27

6.2.5 同时编辑文档的不同部分

本节将制作同时编辑文档不同部分的案例。本案例需要执行【视图】→【窗口】→【新建窗口】命令，可以应用在需要同时编辑文档不同部分的工作场景。

<< 扫码获取配套视频课程，本节视频课程播放时长约为 16 秒。

操作步骤

第 1 步 打开名为"毕业论文"的文档，❶单击【视图】菜单，❷单击【窗口】下拉按钮，❸单击【新建窗口】按钮，如图 6-28 所示。

第 2 步 新建一个名为"毕业论文.docx:2"的文档，用户可以同时编辑两个文档，如图 6-29 所示。

图 6-28

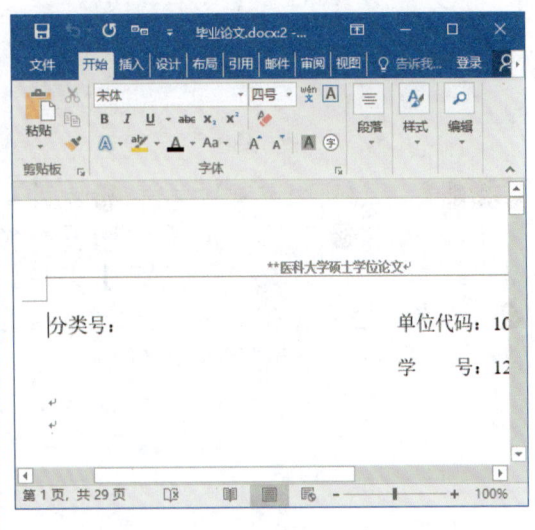

图 6-29

6.2.6 显示过宽长文档内容

本节将制作显示过宽长文档内容的案例。本案例需要执行【另存为】命令，可以应用在需要显示过宽长文档内容的工作场景。

<< 扫码获取配套视频课程，本节视频课程播放时长约为 24 秒。

▼ 操作步骤

第1步 新建空白文档，单击【文件】菜单，如图6-30所示。

第2步 进入Backstage视图，选择【选项】选项，如图6-31所示。

图6-30

图6-31

第3步 弹出【Word选项】对话框，❶选择【高级】选项卡，❷在【显示文档内容】区域勾选【文档窗口内显示文字自动换行】复选框，❸单击【确定】按钮，即可显示过宽文档的内容，如图6-32所示。

图6-32

6.2.7 通过增大或减小显示比例查看文档

本节将制作通过增大或减小显示比例查看文档的案例。本案例需要执行【视图】命令，可以应用在需要通过增大或减小显示比例查看文档的工作场景。

<< 扫码获取配套视频课程，本节视频课程播放时长约为23秒。

第 6 章 编辑长文档与多文档

▼ 操作步骤

第1步 打开名为"通过增大或减小显示比例查看文档"的文档,可以在文档底部看到目前显示比例是100%,❶单击【视图】菜单,❷单击【显示比例】下拉按钮,❸单击【显示比例】按钮,如图6-33所示。

第2步 弹出【显示比例】对话框,❶在【百分比】微调框中输入50%,❷单击【确定】按钮,如图6-34所示。

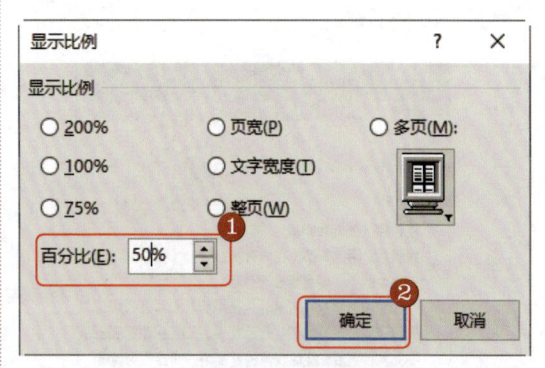

图6-34

图6-33

第3步 返回到文档,显示比例从100%变为50%,页面同时显示3页文档,如图6-35所示。

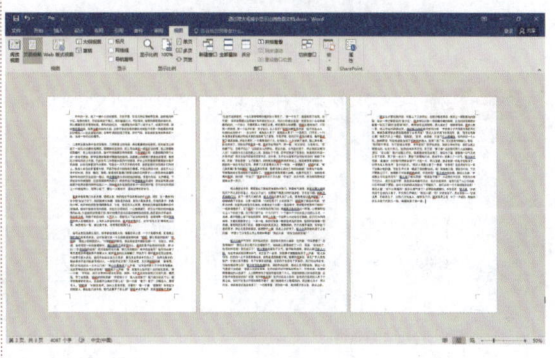

图6-35

6.2.8 在长文档中添加书签标识

本节将制作在长文档中添加书签标识的案例。本案例需要执行【插入】→【书签】命令,可以应用在为长文档添加书签标识的工作场景。

<< 扫码获取配套视频课程,本节视频课程播放时长约为43秒。

133

繁琐工作快上手
短视频学 Word 极简办公

操作步骤

第1步 打开名为"毕业论文"的文档，在第16页选中第2段文本，❶单击【插入】菜单，❷单击【链接】下拉按钮，❸单击【书签】按钮，如图6-36所示。

图 6-36

第2步 弹出【书签】对话框，❶在【书签名】文本框中输入名称"书签1"，❷单击【添加】按钮，如图6-37所示。

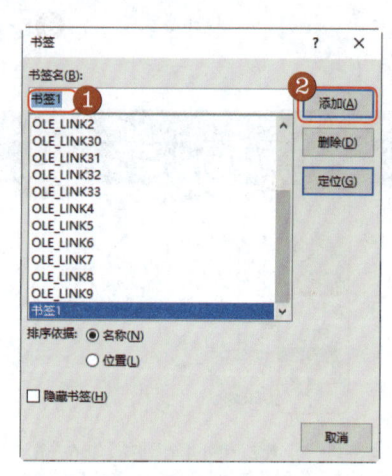

图 6-37

第3步 单击【关闭】按钮返回到文档，将光标定位在其他页码的任意位置，再次执行【插入】→【链接】→【书签】命令，打开【书签】对话框，❶在列表框中选中"书签1"选项，❷单击【定位】按钮，❸单击【关闭】按钮关闭对话框，如图6-38所示。

图 6-38

第4步 返回到文档，可以看到已经定位到第16页第2段文本的位置，通过以上步骤即可完成在长文档中添加书签标识的操作，如图6-39所示。

图 6-39

134

第 7 章
提取文档目录与添加注释

本章主要介绍文档目录结构的创建与提取、交叉引用与超链接以及添加脚注和尾注的操作与技巧，同时讲解使用图文集的知识。通过本章的学习，读者可以掌握提取文档目录与添加注释的技巧，为深入学习 Word 知识奠定基础。

用手机扫描二维码
获取本章学习素材

7.1 文档目录结构的创建与提取

目录是文档中标题的列表,用户可以将其插入文档中指定的位置。生成目录可以快速定位到文档中的具体位置上,还可以让读者全面把握整个文档的总体结构。在 Word 中可以直接将文档中套用样式的内容创建为目录,也可以根据需要添加特定内容到目录中。

7.1.1 快速插入目录

本节将介绍快速插入目录的案例。本案例需要执行【引用】→【目录】命令,可以应用在需要快速插入目录的工作场景。

<<扫码获取配套视频课程,本节视频课程播放时长约为 20 秒。

操作步骤

第1步 打开名为"快速插入目录"的文档,将光标定位在首页,❶单击【引用】菜单,❷在【目录】组中单击【目录】下拉按钮,❸选择【自动目录 2】选项,如图 7-1 所示。

第2步 可以看到在光标定位的位置生成了目录,通过以上步骤即可完成快速插入目录的操作,如图 7-2 所示。

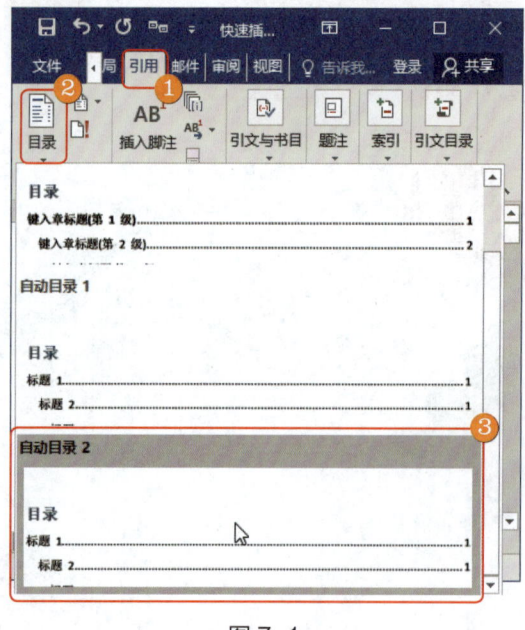

图 7-1

图 7-2

第 7 章 提取文档目录与添加注释

7.1.2 提取更多级别的目录

本节将介绍提取更多级别的目录的案例。本案例需要通过【目录】对话框来实现，可以应用在需要提取更多级别的目录的工作场景。

<<扫码获取配套视频课程，本节视频课程播放时长约为 21 秒。

▼ 操作步骤

第 1 步 打开名为"提取更多级别"的文档，❶单击【引用】菜单，❷在【目录】组中单击【目录】下拉按钮，❸选择【自定义目录】选项，如图 7-3 所示。

第 2 步 弹出【目录】对话框，❶在【目录】选项卡下设置【显示级别】为 4，❷单击【确定】按钮，如图 7-4 所示。

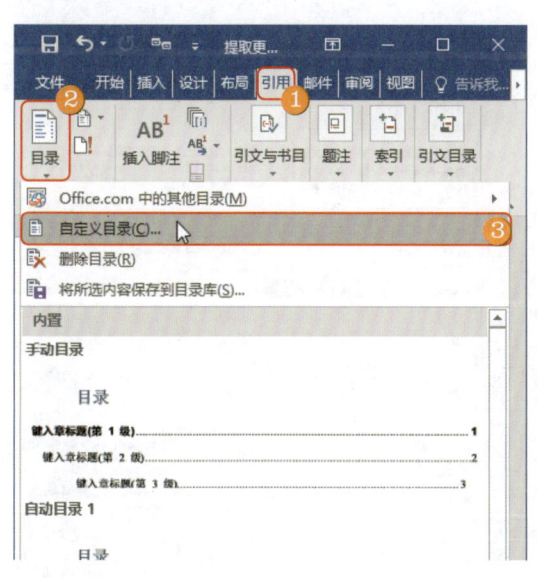

图 7-3

图 7-4

第 3 步 弹出提示对话框，单击【是】按钮，如图 7-5 所示。

第 4 步 返回到文档，可以看到目录中已经显示 4 级标题，如图 7-6 所示。

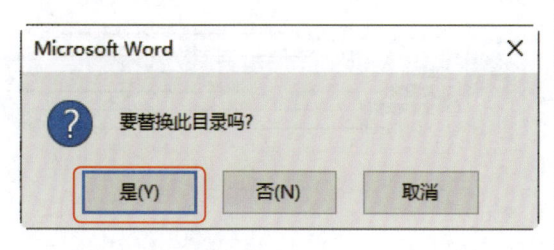

图 7-5

图 7-6

137

7.1.3 设置目录与页码之间的前导符样式

本节将介绍设置目录与页码之间的前导符样式的案例。本案例需要通过【目录】对话框来实现，可以应用在需要设置前导符样式的工作场景。

<< 扫码获取配套视频课程，本节视频课程播放时长约为 29 秒。

▼ 操作步骤

第 1 步 打开名为"提取更多级别"的文档，❶单击【引用】菜单，❷在【目录】组中单击【目录】下拉按钮，❸选择【自定义目录】选项，如图 7-7 所示。

第 2 步 弹出【目录】对话框，❶在【目录】选项卡下的【制表符前导符】列表框中选择一种样式，❷单击【确定】按钮，如图 7-8 所示。

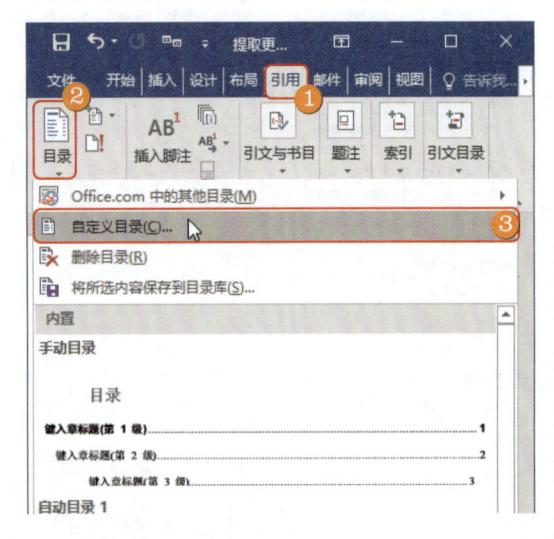

图 7-7

图 7-8

第 3 步 弹出提示对话框，单击【是】按钮，如图 7-9 所示。

第 4 步 返回到文档，可以看到前导符已经更改，如图 7-10 所示。

图 7-9

图 7-10

7.1.4 修改目录的文字样式

本节将介绍修改目录的文字样式的案例。本案例需要通过【目录】对话框来实现，可以应用在需要修改目录的文字样式的工作场景。

<< 扫码获取配套视频课程，本节视频课程播放时长约为 29 秒。

操作步骤

第1步 打开名为"提取更多级别"的文档，❶单击【引用】菜单，❷在【目录】组中单击【目录】下拉按钮，❸选择【自定义目录】选项，如图 7-11 所示。

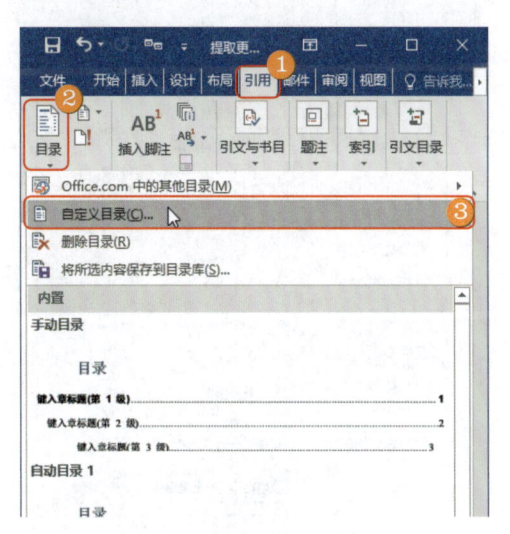

图 7-11

第3步 弹出提示对话框，单击【是】按钮，如图 7-13 所示。

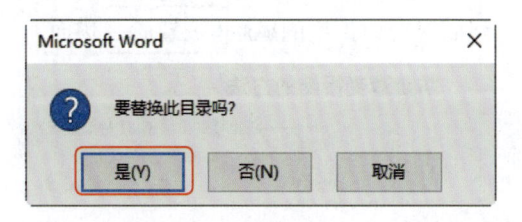

图 7-13

第2步 弹出【目录】对话框，❶在【目录】选项卡下的【格式】列表框中选择【优雅】选项，❷单击【确定】按钮，如图 7-12 所示。

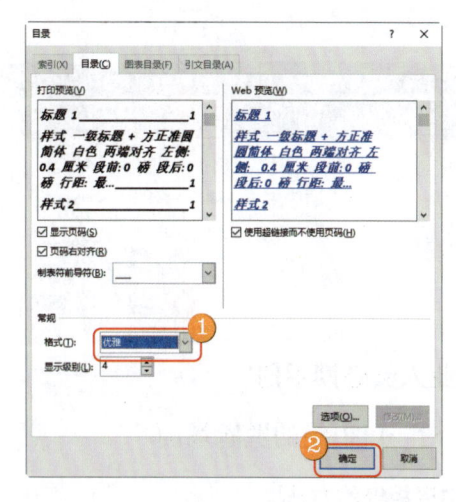

图 7-12

第4步 返回到文档，可以看到目录文字样式已经更改，如图 7-14 所示。

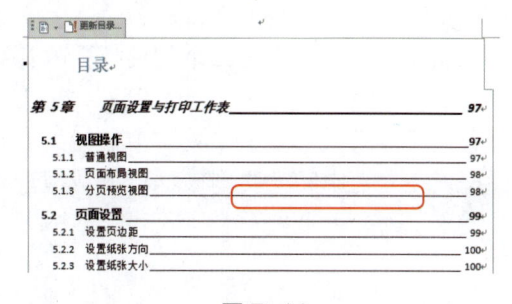

图 7-14

7.1.5 手动添加索引项

本节将制作手动添加索引项的案例。本案例需要通过【标记索引项】对话框来实现，可以应用在需要添加索引项的工作场景。

<< 扫码获取配套视频课程，本节视频课程播放时长约为 29 秒。

操作步骤

第1步 打开名为"手动添加索引项"的文档，❶单击【引用】菜单，❷单击【索引】下拉按钮，❸单击【标记索引项】按钮，如图 7-15 所示。

图 7-15

第2步 弹出【标记索引项】对话框，❶在【主索引项】文本框内显示被选中的关键词，❷单击【标记】按钮，完成第一个索引项的标记，如图 7-16 所示。

图 7-16

第3步 在对话框外单击鼠标，进入页面编辑状态，查找并选定第二个需要标记的关键词，然后单击【标记索引项】对话框，单击【标记】按钮，完成后单击【关闭】按钮关闭对话框，在文档中即可看到被标记的关键词格式发生了改变，如图 7-17 所示。

图 7-17

第 7 章
提取文档目录与添加注释

7.1.6 创建索引列表

本节将制作创建索引列表的案例。本案例需要通过【索引】对话框来实现，可以应用在需要创建索引列表的工作场景。

<< 扫码获取配套视频课程，本节视频课程播放时长约为 24 秒。

▼ 操作步骤

第 1 步 打开名为"创建索引列表"的文档，在文档结尾另起一行定位光标，❶单击【引用】菜单，❷单击【索引】下拉按钮，❸单击【插入索引】按钮，如图 7-18 所示。

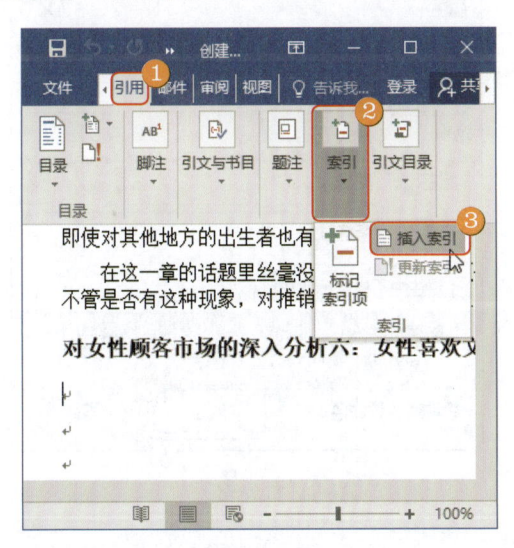

图 7-18

第 2 步 弹出【索引】对话框，❶设置【栏数】和【排序依据】选项，❷单击【确定】按钮，如图 7-19 所示。

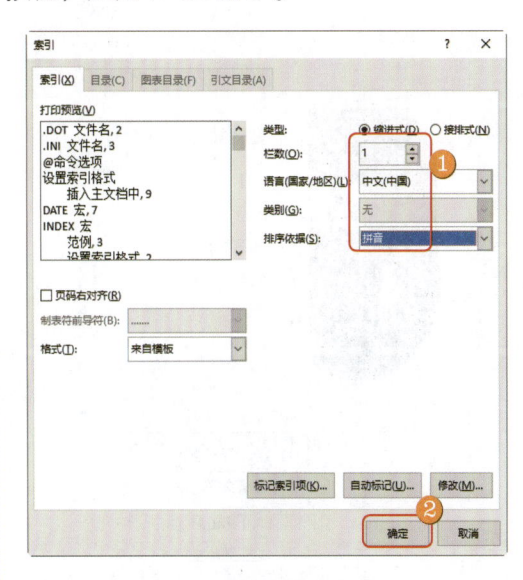

图 7-19

第 3 步 在光标位置创建了索引列表，如图 7-20 所示。

■ 经验之谈

在【索引】对话框中，用户可以设置索引的特殊格式，如"缩进式"或"接排式"，还可以勾选【页码右对齐】复选框。

图 7-20

141

7.1.7 插入题注

Word 提供了题注功能，本节将制作插入题注的案例。本案例需要通过【题注】对话框来实现，可以应用在需要插入题注的工作场景。

＜＜扫码获取配套视频课程，本节视频课程播放时长约为 18 秒。

▼ 操作步骤

第1步 打开名为"插入题注"的文档，右击图片，在弹出的快捷菜单中选择【插入题注】菜单项，如图 7-21 所示。

第2步 弹出【题注】对话框，❶保持【题注】默认设置，❷单击【确定】按钮，如图 7-22 所示。

图 7-21

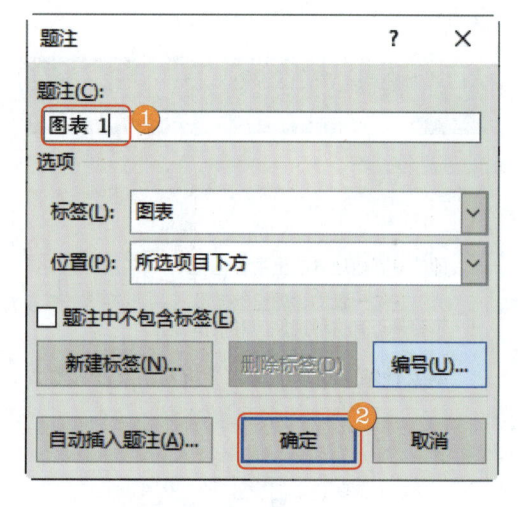

图 7-22

第3步 可以看到图片已经添加了题注，如图 7-23 所示。

■ 经验之谈

如果 Word 提供的标签不能满足用户的需要，则可以单击【新建标签】按钮，弹出【新建标签】对话框，根据需求进行自定义设置。

图 7-23

第 7 章

提取文档目录与添加注释

7.1.8 为文档添加封面

本节将制作为文档添加封面的案例。本案例需要执行【插入】→【页面】→【封面】命令，可以应用在需要为文档添加封面的工作场景。

<<扫码获取配套视频课程，本节视频课程播放时长约为18秒。

▼ 操作步骤

第1步 打开名为"招标文件"的文档，❶单击【插入】菜单，❷单击【页面】下拉按钮，❸单击【封面】下拉按钮，❹选择一个封面样式，如图7-24所示。

第2步 在文档首页自动添加了封面，用户可以在其中添加内容，如图7-25所示。

图 7-24

图 7-25

知识拓展

如果不想使用当前的封面，用户可以单击【插入】菜单，单击【页面】下拉按钮，再单击【封面】下拉按钮，选择【删除当前封面】选项即可删除当前封面；用户还可以自定义封面，选中内容，依次执行【插入】→【页面】→【封面】→【将所选内容保存到封面库】命令。

7.2 交叉引用与超链接

交叉引用可以将文档插图、表格等内容与相关正文的说明内容建立对应关系，既方便阅读，也为编辑操作提供自动更新功能。在 Word 中可以通过在文档内插入超链接，使用户直接跳转到文档中的其他位置、其他文档或因特网上的网页中。

7.2.1 设置交叉引用

本节将制作设置交叉引用的案例。本案例需要执行【引用】→【题注】→【交叉引用】命令，可以应用在需要设置交叉引用的工作场景。

<< 扫码获取配套视频课程，本节视频课程播放时长约为 43 秒。

操作步骤

第 1 步 打开名为"设置交叉引用"的文档，输入"请参阅"，并将光标置于该位置，❶单击【引用】菜单，❷单击【题注】下拉按钮，❸单击【交叉引用】按钮，如图 7-26 所示。

第 2 步 弹出【交叉引用】对话框，❶在【引用类型】下拉列表中选择【标题】选项，❷在【引用哪一个标题】列表框中选择所要引用的内容，❸单击【插入】按钮，❹单击【关闭】按钮，如图 7-27 所示。

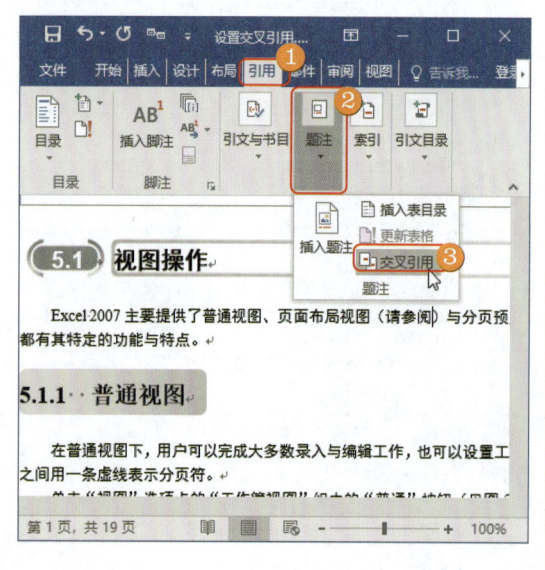

图 7-26

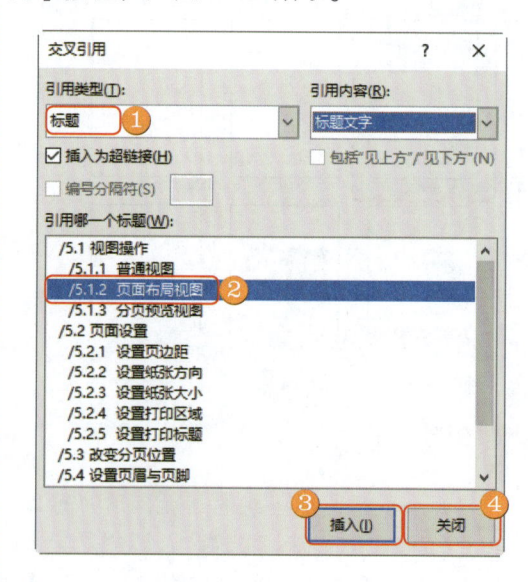

图 7-27

第 7 章 提取文档目录与添加注释

第 3 步 返回到文档中，可以看到光标定位的地方已经插入了超链接，鼠标指针移到超链接上时会有提示，用户根据提示操作即可跳转到该部分内容，如图 7-28 所示。

图 7-28

7.2.2 使用超链接快速打开文档

本节将制作使用超链接快速打开文档的案例。本案例需要通过【插入超链接】对话框来实现，可以应用在需要使用超链接快速打开资料文档的工作场景。

<< 扫码获取配套视频课程，本节视频课程播放时长约为 42 秒。

操作步骤

第 1 步 打开名为"长干行其一"的文档，选中"第二首"文本，❶单击【插入】菜单，❷单击【链接】下拉按钮，❸单击【超链接】按钮，如图 7-29 所示。

第 2 步 弹出【插入超链接】对话框，❶在【链接到】区域选择【现有文件或网页】选项，❷选择【当前文件夹】选项，❸选择"长干行其二"文档，❹单击【确定】按钮，如图 7-30 所示。

图 7-29

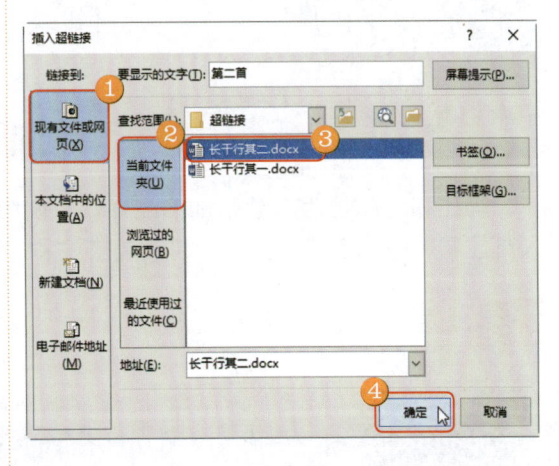

图 7-30

145

第3步 返回到文档中，将鼠标指针移至刚刚被选中的文本上，Word 会弹出提示框，按住 Ctrl 键单击文本，如图 7-31 所示。

第4步 打开名为"长干行其二"的文档，经过以上步骤即可完成使用超链接快速打开文档的操作，如图 7-32 所示。

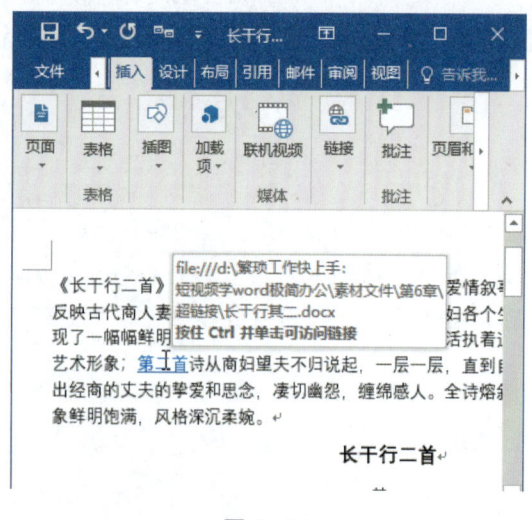

图 7-31

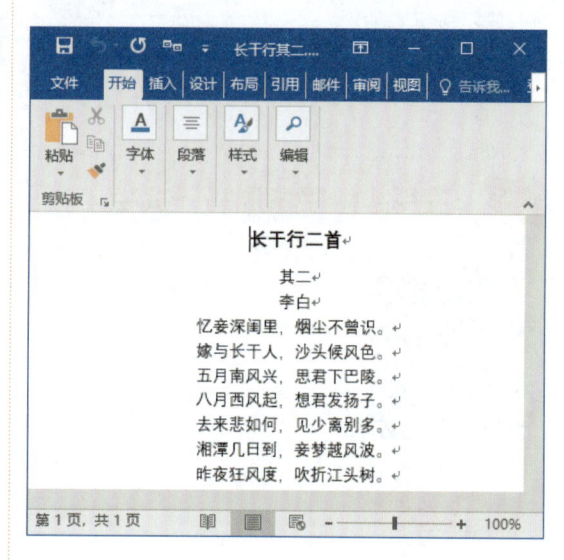

图 7-32

知识拓展

在【插入超链接】对话框中，选择【现有文件或网页】选项，用户可以在右侧选择此超链接要链接到的文件或网页的地址，并通过【当前文件夹】、【浏览过的网页】和【最近使用过的文件】选项在文件列表中得到需要链接的文件名。

7.3 添加脚注和尾注

脚注和尾注是为文章添加的注释，我们经常在学术论文或专著中看到。Word 提供了插入脚注和尾注的功能，并且会自动为脚注和尾注编号。

7.3.1 为文档插入脚注

本节将制作为文档插入脚注的案例。本案例需要执行【引用】→【脚注】→【插入脚注】命令，可以应用在需要插入脚注的工作场景。

<< 扫码获取配套视频课程，本节视频课程播放时长约为 24 秒。

第 7 章 提取文档目录与添加注释

操作步骤

第1步 打开名为"为文档插入脚注"的文档，定位光标在准备插入脚注的位置，❶单击【引用】菜单，❷单击【脚注】下拉按钮，❸单击【插入脚注】按钮，如图7-33所示。

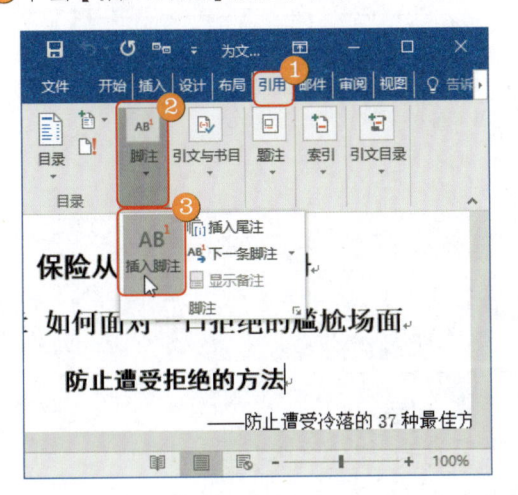

图 7-33

第3步 使用输入法输入脚注内容，通过以上步骤即可完成为文档插入脚注的操作，如图7-35所示。

第2步 光标自动定位在该页的页脚位置，如图7-34所示。

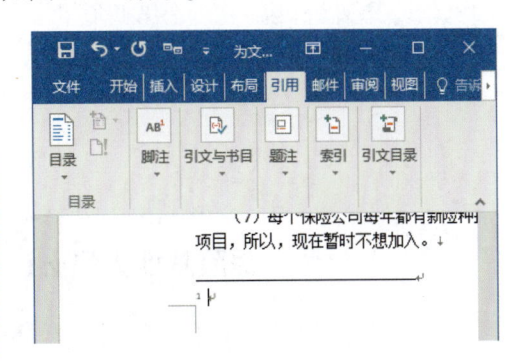

图 7-34

图 7-35

7.3.2 为文档插入尾注

本节将制作为文档插入尾注的案例。本案例需要执行【引用】→【脚注】→【插入尾注】命令，可以应用在需要插入尾注的工作场景。

＜＜扫码获取配套视频课程，本节视频课程播放时长约为20秒。

操作步骤

第1步 打开名为"为文档插入尾注"的文档，定位光标在准备插入尾注的位置，❶单击【引用】菜单，❷单击【脚注】下拉按钮，❸单击【插入尾注】按钮，如图7-36所示。

第2步 光标自动定位在整个文档的结尾处，如图7-37所示。

147

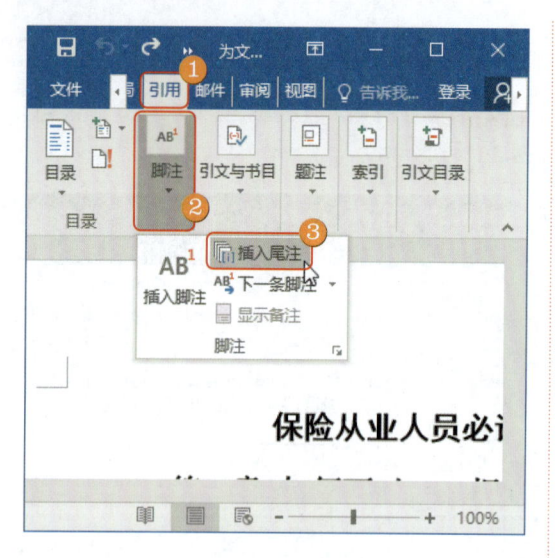

图 7-36

图 7-37

知识拓展

如果想要删除脚注和尾注，则可以按 Ctrl+H 组合键打开【查找和替换】对话框，在【替换】选项卡中，单击【更多】按钮，在展开的面板中单击【特殊格式】下拉按钮，选择【脚注标记】选项或者【尾注标记】选项，将所有标记替换为空，即可删除文档中的脚注或尾注。

7.3.3 修改脚注编号格式

本节将制作修改脚注编号格式的案例。本案例需要通过【脚注和尾注】对话框来实现，可以应用在需要修改脚注编号格式的工作场景。

<< 扫码获取配套视频课程，本节视频课程播放时长约为 35 秒。

▼ 操作步骤

第 1 步 打开名为"修改编号格式"的文档，可以看到目前脚注的编号格式是阿拉伯数字，❶单击【引用】菜单，❷在【脚注】组中单击对话框开启按钮 ，如图 7-38 所示。

第 2 步 弹出【脚注和尾注】对话框，❶选中【脚注】单选按钮，❷在【编号格式】下拉列表中选择一种格式，❸单击【应用】按钮，如图 7-39 所示。

第 7 章

提取文档目录与添加注释

图 7-38

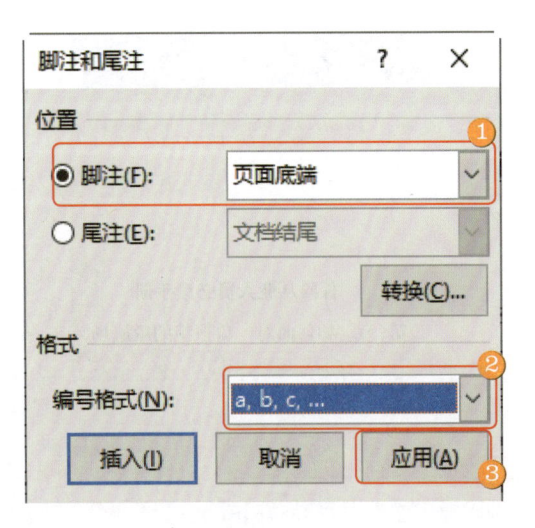

图 7-39

图 7-40

第 3 步 返回到文档中，可以看到脚注已经变为小写的英文字母，通过以上步骤即可完成修改脚注编号格式的操作，尾注格式的修改与其类似，这里不再赘述，如图 7-40 所示。

7.3.4 脚注与尾注互换

本节将制作脚注与尾注互换的案例。本案例需要通过【脚注和尾注】对话框来实现，可以应用在需要脚注与尾注互换的工作场景。

<< 扫码获取配套视频课程，本节视频课程播放时长约为 30 秒。

操作步骤

第 1 步 打开名为"脚注与尾注互换"的文档，❶单击【引用】菜单，❷在【脚注】组中单击对话框开启按钮，如图 7-41 所示。

第 2 步 弹出【脚注和尾注】对话框，单击【转换】按钮，如图 7-42 所示。

149

图 7-41

图 7-42

第 3 步 弹出【转换注释】对话框，❶选中【脚注和尾注相互转换】单选按钮，❷单击【确定】按钮，如图 7-43 所示。

第 4 步 返回【脚注和尾注】对话框，单击【关闭】按钮关闭对话框，返回到文档，可以看到脚注和尾注已经互换，如图 7-44 所示。

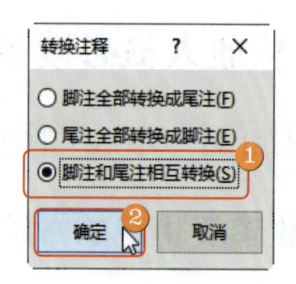

图 7-43

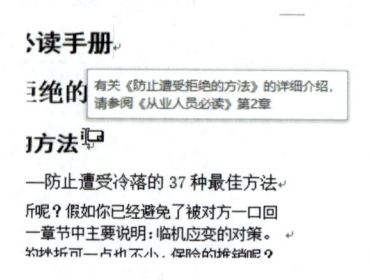

图 7-44

7.4 使用图文集

在使用 Word 进行文档编辑时，经常需要重复输入一些内容，比如公司地址、网址和电子邮件地址，或者公司标准文件条款等。利用 Word 的"自动图文集"功能可以轻松地将图片、文字、表格和符号等元素预先存入经常用到的词条，需要的时候输入词条名称即可将保存的内容添加到文档中。

7.4.1 使用自动图文集快速输入内容

本节将制作使用自动图文集快速输入内容的案例。本案例需要执行【插入】→【文本】→【文档部件】命令，可以应用在需要重复输入内容的工作场景。

<< 扫码获取配套视频课程，本节视频课程播放时长约为 47 秒。

第 7 章
提取文档目录与添加注释

▼ **操作步骤**

第 1 步 打开名为"房屋租赁合同"的文档，按 Ctrl+A 组合键全选文档，❶单击【插入】菜单，❷单击【文本】下拉按钮，❸单击【文档部件】下拉按钮，❹选择【将所选内容保存到自动图文集库】选项，如图 7-45 所示。

图 7-45

第 3 步 新建空白文档，输入"房屋租赁合同"，文档弹出提示框，如图 7-47 所示。

图 7-47

第 2 步 弹出【新建构建基块】对话框，❶输入名称，❷单击【确定】按钮，如图 7-46 所示。

图 7-46

第 4 步 按 Enter 键即可输入之前保存的合同全文，如图 7-48 所示。

图 7-48

151

7.4.2 删除创建的自动图文集词条

本节将制作删除自动图文集词条的案例。本案例需要执行【插入】→【文本】→【文档部件】命令，可以应用在需要删除自动图文集词条的工作场景。

<< 扫码获取配套视频课程，本节视频课程播放时长约为 42 秒。

操作步骤

第1步 启动 Word 程序，❶单击【插入】菜单，❷单击【文本】下拉按钮，❸单击【文档部件】下拉按钮，❹右击准备删除的词条，在弹出的快捷菜单中选择【整理和删除】菜单项，如图 7-49 所示。

第2步 弹出【构建基块管理器】对话框，❶在【构建基块】列表框中已经选中了准备删除的词条，❷单击【删除】按钮即可将词条删除，如图 7-50 所示。

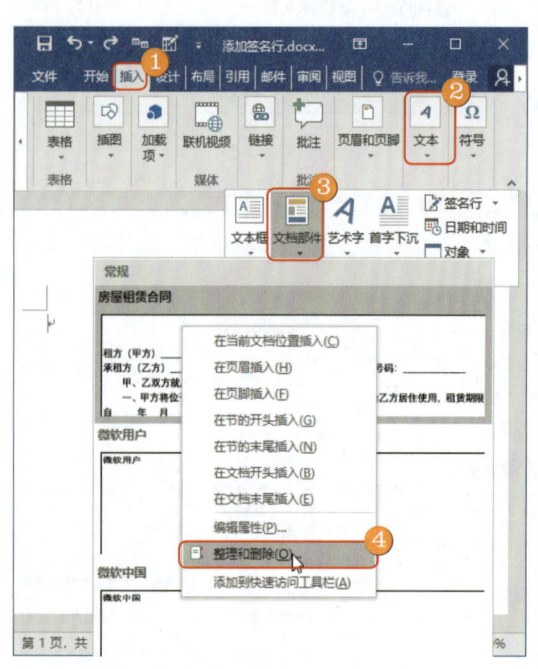

图 7-49

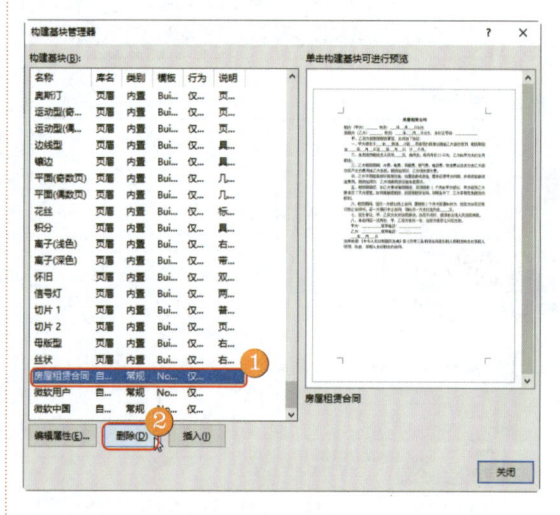

图 7-50

第 8 章
运用 Word 协同办公

本章主要介绍自动校对、添加批注、修订文档的操作与技巧，同时讲解 Word 邮件合并的知识。通过本章的学习，读者可以掌握运用 Word 协同办公的技巧，为深入学习 Word 知识奠定基础。

用手机扫描二维码
获取本章学习素材

8.1 自动校对

在输入文本时，用户可能会发现有些单词和中文文字下面自动加上了下划线，这是 Word 以使用波浪下划线做标记的方式提醒用户，此处可能有拼写和语法错误。拼写和语法检查功能大大减少了输入文本的错误率，提高了文档的准确性。

8.1.1 自动检查语法错误

本节将制作自动检查语法错误的案例。本案例需要执行【审阅】→【校对】→【拼写和语法】命令，可以应用在需要自动检查语法错误的工作场景。

<< 扫码获取配套视频课程，本节视频课程播放时长约为 26 秒。

▼ 操作步骤

第 1 步 打开名为"自动检查语法错误"的文档，选中单词，❶单击【审阅】菜单，❷单击【校对】下拉按钮，❸单击【拼写和语法】按钮，如图 8-1 所示。

第 2 步 弹出【拼写检查】窗格，❶在列表中选择一个更正的单词，❷单击【更改】按钮，如图 8-2 所示。

图 8-1

图 8-2

第 3 步 单词已经被更正，弹出提示对话框，单击【确定】按钮，如图 8-3 所示。

图 8-3

8.1.2 隐藏拼写错误标记

本节将制作隐藏拼写错误标记的案例。本案例需要通过【Word 选项】对话框来实现，可以应用在需要隐藏拼写错误标记的工作场景。

<< 扫码获取配套视频课程，本节视频课程播放时长约为 31 秒。

▼ 操作步骤

第 1 步 打开名为"隐藏拼写错误标记"的文档，单击【文件】菜单，如图 8-4 所示。

第 2 步 进入 Backstage 视图，选择【选项】选项，如图 8-5 所示。

图 8-4

第 3 步 弹出【Word 选项】对话框，❶选择【校对】选项卡，❷取消勾选【键入时检查拼写】复选框，❸单击【确定】按钮，如图 8-6 所示。

图 8-5

第 4 步 返回到文档，单词下面的红色波浪线已经删除，如图 8-7 所示。

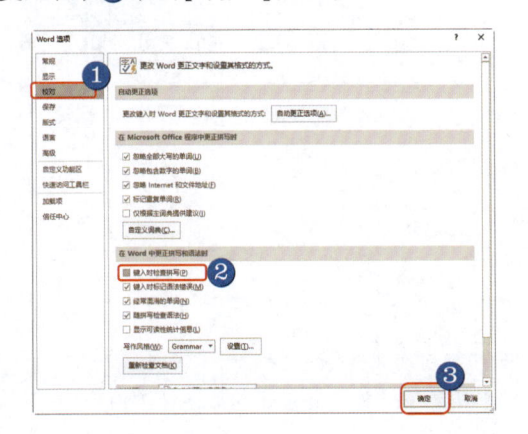

图 8-6

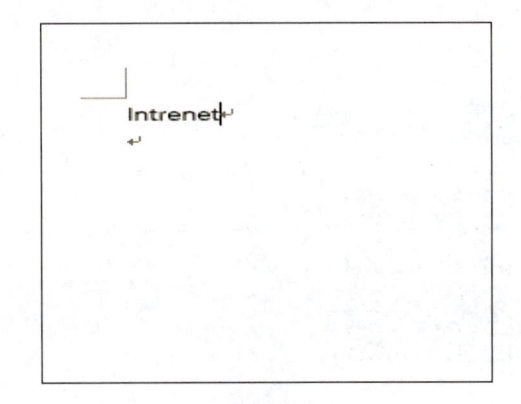

图 8-7

8.1.3 快速统计文档字数

本节将制作快速统计文档字数的案例。本案例需要执行【审阅】→【校对】→【字数统计】命令，可以应用在需要快速统计文档字数的工作场景。

<<扫码获取配套视频课程，本节视频课程播放时长约为 14 秒。

操作步骤

第 1 步 打开名为"毕业论文"的文档，❶单击【审阅】菜单，❷单击【校对】下拉按钮，❸单击【字数统计】按钮，如图 8-8 所示。

第 2 步 弹出【字数统计】对话框，在该对话框中可查看页数、字数等信息，查看完成后单击【关闭】按钮即可，如图 8-9 所示。

图 8-8

图 8-9

8.1.4 翻译文档

本节将制作翻译文档的案例。本案例需要执行【审阅】→【语言】→【翻译】命令，可以应用在需要翻译文档的工作场景。

<<扫码获取配套视频课程，本节视频课程播放时长约为 16 秒。

运用 Word 协同办公

> 操作步骤

第1步 打开名为"中英翻译文档"的文档，❶单击【审阅】菜单，❷单击【语言】下拉按钮，❸单击【翻译】按钮，❹选择【翻译文档】选项，如图 8-10 所示。

图 8-10

第2步 弹出【翻译语言选项】对话框，❶在【翻译为】下拉列表中选择【英语(美国)】选项，❷单击【确定】按钮，如图 8-11 所示。

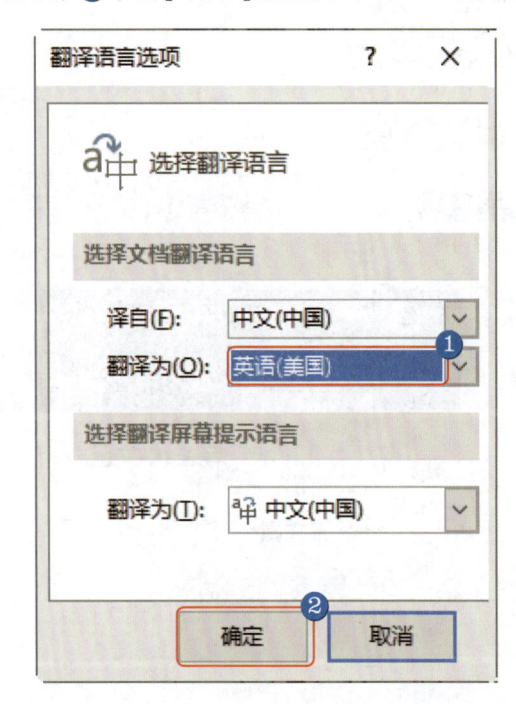

图 8-11

第3步 弹出【翻译整个文档】对话框，单击【是】按钮，如图 8-12 所示。

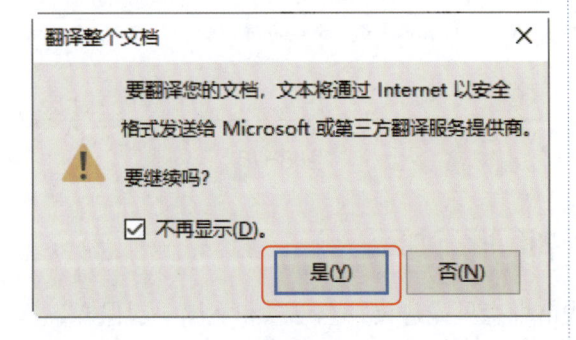

图 8-12

第4步 Word 自动打开浏览器进行在线翻译，通过以上步骤即可完成翻译文档的操作，如图 8-13 所示。

图 8-13

157

8.1.5 设置语言

本节将制作设置 Word 语言的案例。本案例需要通过【Word 选项】对话框来实现，可以应用在需要设置语言的工作场景。

<< 扫码获取配套视频课程，本节视频课程播放时长约为 16 秒。

操作步骤

第 1 步 启动 Word 程序，单击【文件】菜单，如图 8-14 所示。

第 2 步 进入 Backstage 视图，选择【选项】选项，如图 8-15 所示。

图 8-15

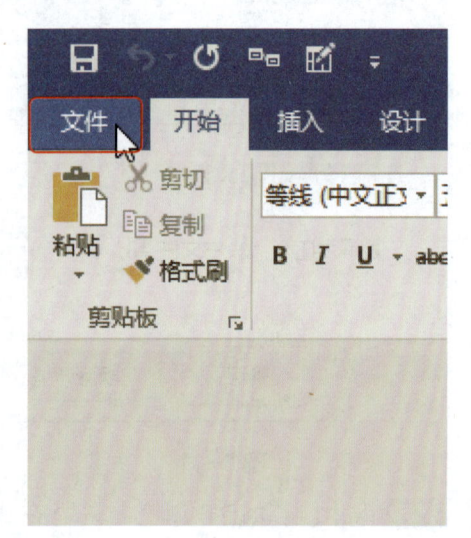

图 8-14

第 3 步 弹出【Word 选项】对话框，选择【语言】选项卡，在其中可以设置 Word 显示的语言，此外还可以添加新语言，如图 8-16 所示。

图 8-16

8.2 添加批注

批注是用户对文档中某个内容提出的一些审批意见或建议，它可以和文档一起保存，这样在复制文档时就可以让其他人看到审批意见。

8.2.1 新建批注

本节将制作新建批注的案例。本案例需要执行【审阅】→【批注】→【新建批注】命令，可以应用在需要创建批注的工作场景。

<< 扫码获取配套视频课程，本节视频课程播放时长约为 18 秒。

操作步骤

第 1 步 打开名为"新建批注"的文档，选中文本"每个月"，❶单击【审阅】菜单，❷单击【批注】下拉按钮，❸单击【新建批注】按钮，如图 8-17 所示。

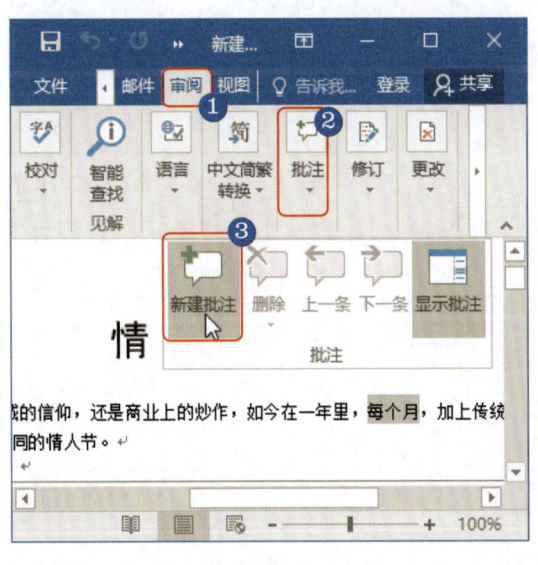

第 2 步 选中的文本显示批注标记，同时还将显示批注与文本的连线和批注框，此时批注框中显示了批注文本和批注者的缩写，在批注框中输入批注的内容，即可完成新建批注的操作，如图 8-18 所示。

图 8-17

图 8-18

8.2.2 回复批注内容

本节将制作回复批注内容的案例。本案例需要单击批注框中的【回复】按钮来实现，可以应用在需要回复批注内容的工作场景。

<< 扫码获取配套视频课程，本节视频课程播放时长约为 17 秒。

> 繁琐工作快上手
> 短视频学 Word 极简办公

操作步骤

第1步 打开名为"回复批注内容"的文档，在批注框右侧单击【回复】按钮，如图 8-19 所示。

第2步 批注框添加了回复者区域，使用输入法输入回复内容即可，如图 8-20 所示。

图 8-19

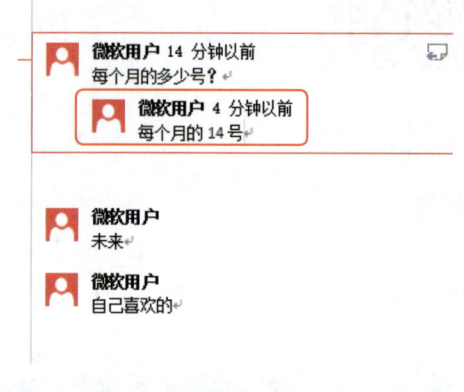

图 8-20

知识拓展

在【批注】组中单击【上一条】按钮，可以跳转到当前批注的上一条批注中；单击【下一条】按钮，可以跳转到当前批注的下一条批注中；单击【删除】下拉按钮，可以选择删除当前批注或者删除文档中所有的批注。

8.2.3 显示与隐藏批注

本节将制作显示与隐藏批注的案例。本案例需要执行【审阅】→【批注】→【显示批注】命令，可以应用在需要显示或隐藏批注的工作场景。

<< 扫码获取配套视频课程，本节视频课程播放时长约为 31 秒。

操作步骤

第1步 打开名为"显示与隐藏批注"的文档，❶单击【审阅】菜单，❷单击【批注】下拉按钮，❸可以看到【显示批注】按钮时选中的状态，单击【显示批注】按钮，使其不被选中，如图 8-21 所示。

第2步 批注可以看到批注框被隐藏，只留有一个蓝色批注框图标，将鼠标指针移至图标上，会显示提示，单击即可展开批注框进行查看。如果想显示批注，可以再次单击【显示批注】按钮，如图 8-22 所示。

运用 Word 协同办公

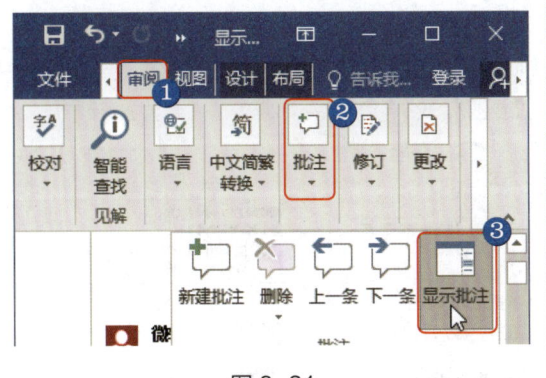

图 8-21

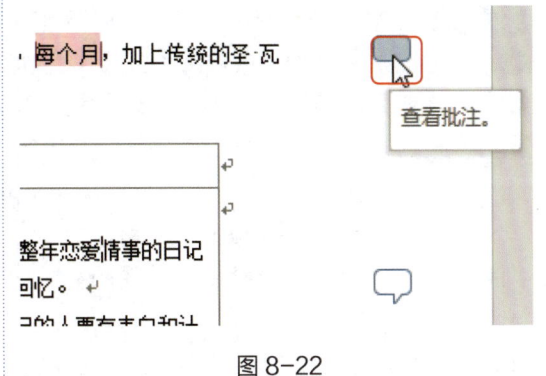

图 8-22

8.2.4 修改批注的框线格式

本节将制作修改批注框线格式的案例。本案例需要通过【修订选项】对话框来实现，可以应用在需要修改批注框线格式的工作场景。

<< 扫码获取配套视频课程，本节视频课程播放时长约为 33 秒。

▼ 操作步骤

第 1 步 打开名为"修改批注的框线格式"的文档，❶单击【审阅】菜单，❷单击【修订】下拉按钮，❸单击对话框开启按钮，如图 8-23 所示。

第 2 步 弹出【修订选项】对话框，单击【高级选项】按钮，如图 8-24 所示。

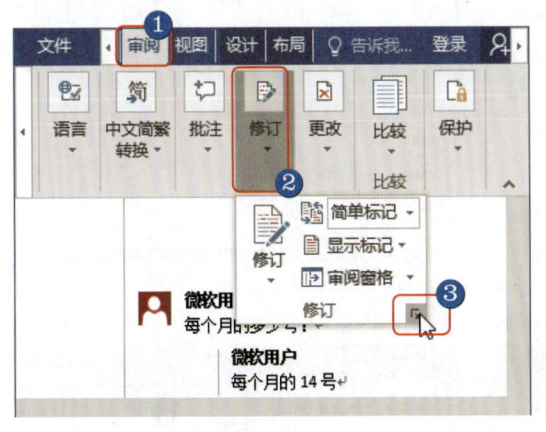

图 8-23

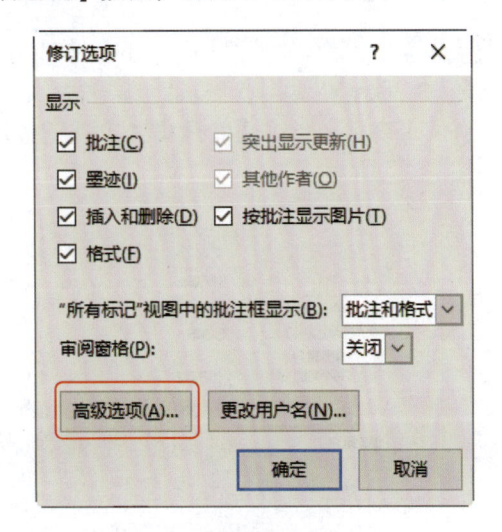

图 8-24

161

繁琐工作快上手
短视频学 Word 极简办公

<mark>第 3 步</mark> 弹出【高级修订选项】对话框，❶在【批注】下拉列表中选择【鲜绿】选项，❷单击【确定】按钮，如图 8-25 所示。

<mark>第 4 步</mark> 返回【修订选项】对话框，单击【确定】按钮，返回到文档，可以看到原本红色批注框变为青绿色，通过以上步骤即可完成修改批注框线格式的操作，如图 8-26 所示。

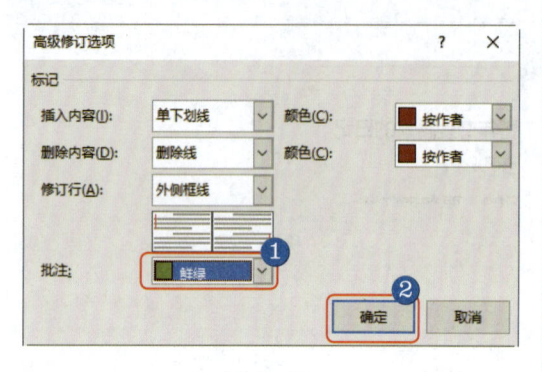

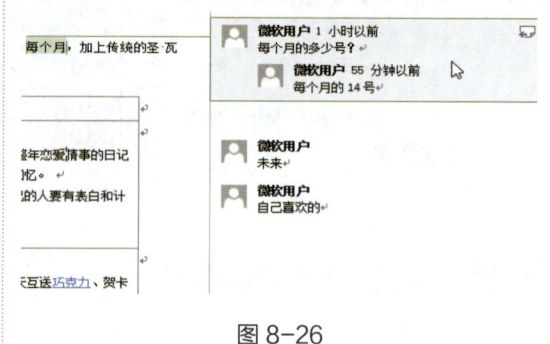

图 8-25

图 8-26

8.2.5 修改批注的文字格式

本节将制作修改批注文字格式的案例。本案例需要通过【样式】窗格来实现，可以应用在需要修改批注文字格式的工作场景。

<< 扫码获取配套视频课程，本节视频课程播放时长约为 47 秒。

▼ 操作步骤

<mark>第 1 步</mark> 打开名为"修改批注的文字格式"的文档，按 Ctrl+Shift+Alt+S 组合键，打开【样式】窗格，单击【管理样式】按钮，如图 8-27 所示。

<mark>第 2 步</mark> 弹出【管理样式】对话框，选择【编辑】选项卡，❶在【选择要编辑的样式】列表中选择【批注框文本（使用前隐藏）】选项，❷单击【修改】按钮，如图 8-28 所示。

图 8-27

图 8-28

162

第 3 步 弹出【修改样式】对话框，❶设置【字号】为"三号"，❷单击【确定】按钮，如图 8-29 所示。

第 4 步 返回【管理样式】对话框，单击【确定】按钮，返回到文档，可以看到批注框中的文字字号已经发生改变，如图 8-30 所示。

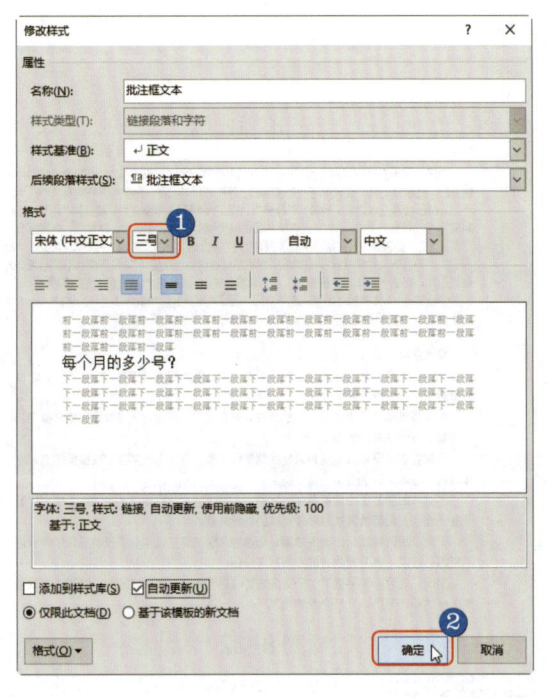

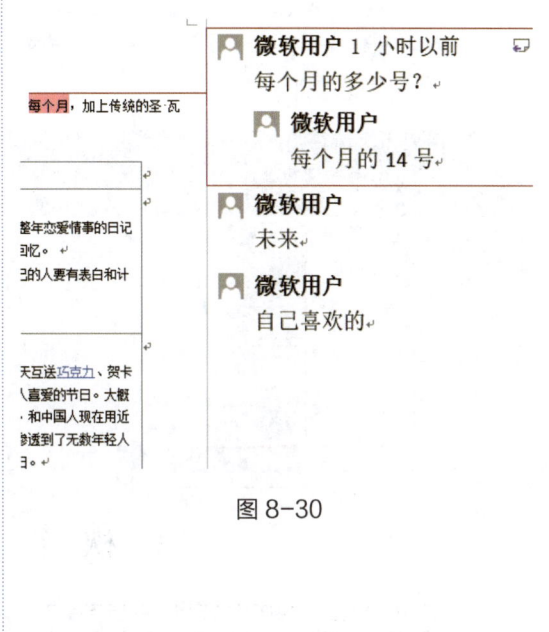

图 8-29

图 8-30

8.3 修订文档

除在文档中插入批注外，用户还可以直接对文档进行修订。修订是对文档进行修改时，用特殊符号或颜色标记修改过的内容，这样可以让其他人看到该文档中有哪些内容被修改过。

8.3.1 对文档进行修订

本节将制作对文档进行修订的案例。本案例需要执行【审阅】→【修订】→【修订】命令，可以应用在需要对文档进行修订的工作场景。

<< 扫码获取配套视频课程，本节视频课程播放时长约为 29 秒。

操作步骤

第 1 步 打开名为"对文档进行修订"的文档，❶单击【审阅】菜单，❷单击【修订】下拉按钮，❸单击【修订】下拉按钮，❹选择【修订】选项，如图 8-31 所示。

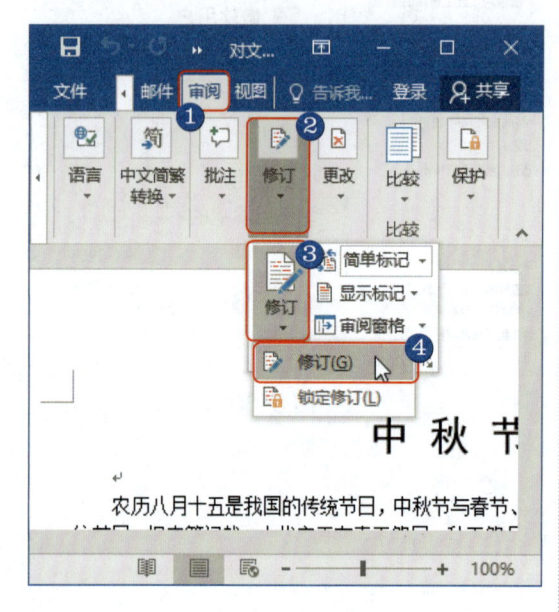

图 8-31

第 2 步 按照正常方式对文档内容进行修改，在修改原位置显示修订结果，如图 8-32 所示。

图 8-32

■ 经验之谈

对文档内容修订结束后，用户一定要退出修订状态，否则文档中输入任何内容都属于修订操作。

8.3.2 更改修订标记的显示方式

本节将制作更改修订标记显示方式的案例。本案例需要执行【审阅】→【修订】→【显示标记】命令，可以应用在需要更改修订标记显示方式的工作场景。

<< 扫码获取配套视频课程，本节视频课程播放时长约为 23 秒。

操作步骤

第 1 步 打开名为"对文档进行修订"的文档，❶单击【审阅】菜单，❷单击【修订】下拉按钮，❸单击【显示标记】下拉按钮，❹选择【批注框】选项，❺选择【在批注框中显示修订】选项，如图 8-33 所示。

第 2 步 可以看到修订内容以批注框的形式显示，通过以上步骤即可完成更改修订标记显示方式的操作，如图 8-34 所示。

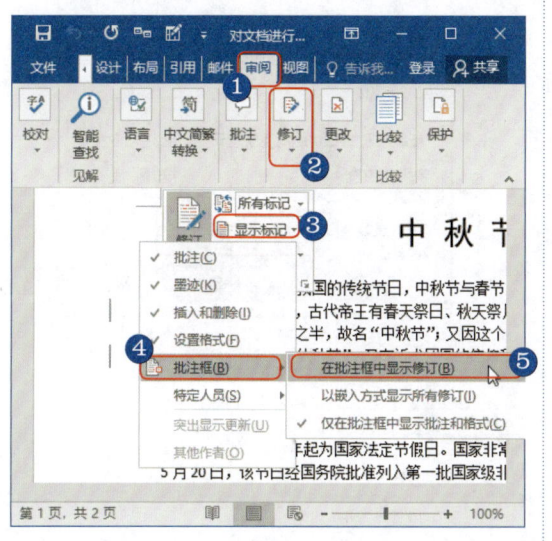

图 8-33

图 8-34

知识拓展

如果用户要显示详细的修订标记，可以单击【修订】组中的【显示以供审阅】下拉按钮，在下拉列表中选择【所有标记】选项；如果不想显示修订标记，可以从列表中选择【无标记】选项。

8.3.3 更改文档修订者的姓名

本节将制作更改文档修订者姓名的案例。本案例需要通过【修订选项】对话框来实现，可以应用在需要更改文档修订者姓名的工作场景。

<< 扫码获取配套视频课程，本节视频课程播放时长约为 24 秒。

操作步骤

第1步 打开名为"对文档进行修订"的文档，❶单击【审阅】菜单，❷单击【修订】下拉按钮，❸单击对话框开启按钮，如图8-35所示。

第2步 弹出【修订选项】对话框，单击【更改用户名】按钮，如图8-36所示。

图8-35

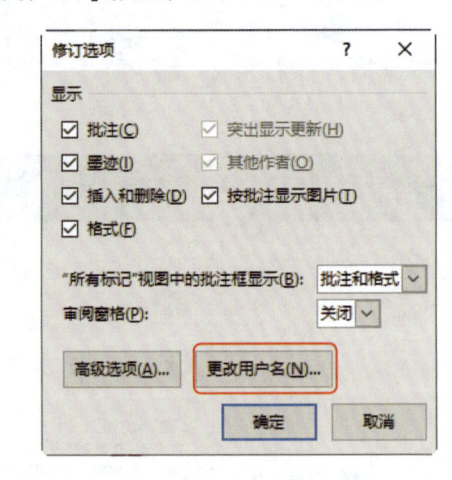

图8-36

第3步 弹出【Word选项】对话框，❶选择【常规】选项卡，❷在【对 Microsoft Office 进行个性化设置】区域下的【用户名】和【缩写】文本框中输入名称，❸单击【确定】按钮，如图8-37所示。

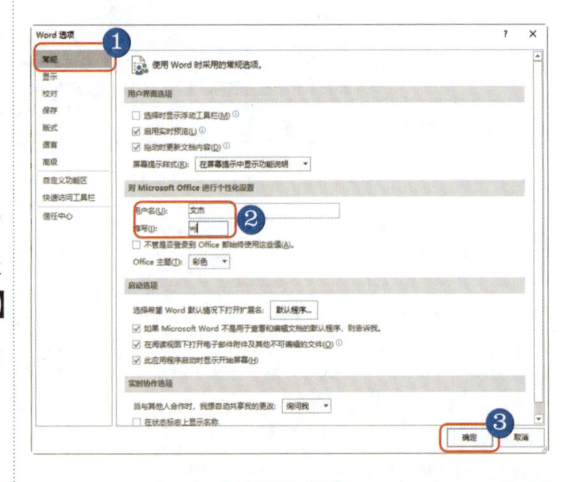

图8-37

8.3.4 查看指定审阅者的修订

本节将制作查看指定审阅者的修订的案例。本案例需要执行【审阅】→【修订】→【显示标记】→【特定人员】命令，可以应用在需要查看指定审阅者的修订的工作场景。

<< 扫码获取配套视频课程，本节视频课程播放时长约为19秒。

第 8 章

运用 Word 协同办公

▼ 操作步骤

第 1 步 打开名为"查看指定审阅者的修订"的文档，❶单击【审阅】菜单，❷单击【修订】下拉按钮，❸单击【显示标记】下拉按钮，❹选择【特定人员】选项，❺取消勾选【admin】复选框，如图 8-38 所示。

第 2 步 文档只显示 AutoBVT 的修订内容，如图 8-39 所示。

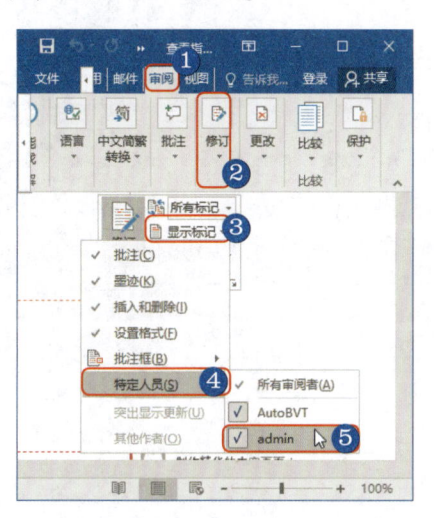

图 8-38

图 8-39

8.3.5 接受修订

本节将制作接受修订的案例。本案例需要执行【审阅】→【更改】→【接受】命令，可以应用在需要接受修订的工作场景。

<< 扫码获取配套视频课程，本节视频课程播放时长约为 22 秒。

▼ 操作步骤

第 1 步 打开名为"接受修订"的文档，将光标定位在批注中，❶单击【审阅】菜单，❷单击【更改】下拉按钮，❸单击【接受】下拉按钮，❹选择【接受并移到下一条】选项，如图 8-40 所示。

第 2 步 文档接受修订并自动转到下一条批注处，如图 8-41 所示。

167

繁琐工作快上手
短视频学 Word 极简办公

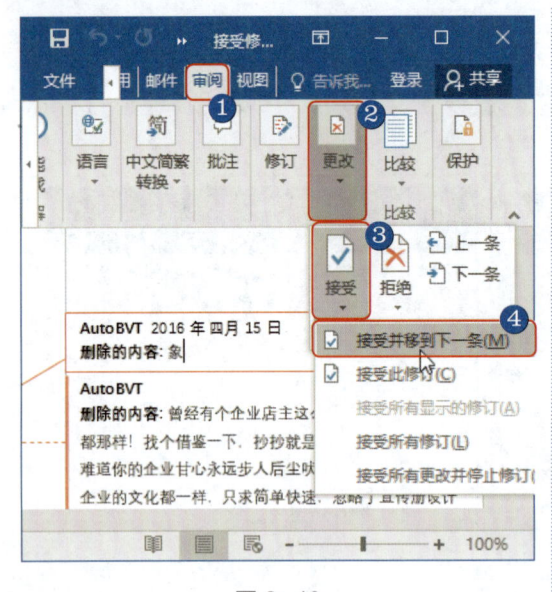

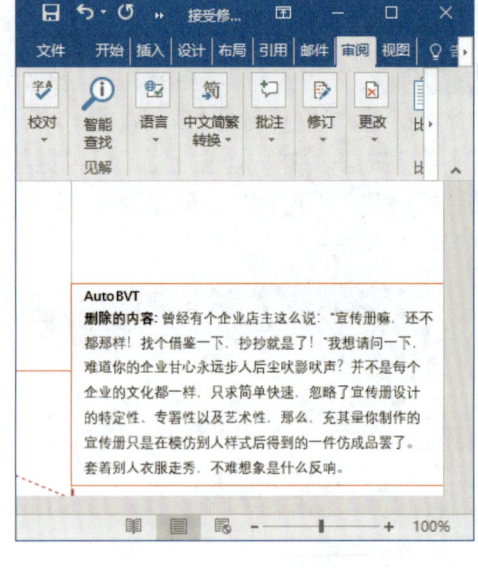

图 8-40

图 8-41

知识拓展

在【接受】下拉菜单中，包括【接受并移到下一条】、【接受此修订】、【接受所有显示的修订】、【接受所有修订】、【接受所有更改并停止修订】等 5 个选项。

8.3.6 拒绝修订

本节将制作拒绝修订的案例。本案例需要执行【审阅】→【更改】→【拒绝】命令，可以应用在需要拒绝修订的工作场景。

<< 扫码获取配套视频课程，本节视频课程播放时长约为 22 秒。

操作步骤

第 1 步 打开名为"拒绝修订"的文档，将光标定位在批注中，❶单击【审阅】菜单，❷单击【更改】下拉按钮，❸单击【拒绝】下拉按钮，❹选择【拒绝并移到下一条】选项，如图 8-42 所示。

第 2 步 文档拒绝修订并自动转到下一处批注，如图 8-43 所示。

图 8-42

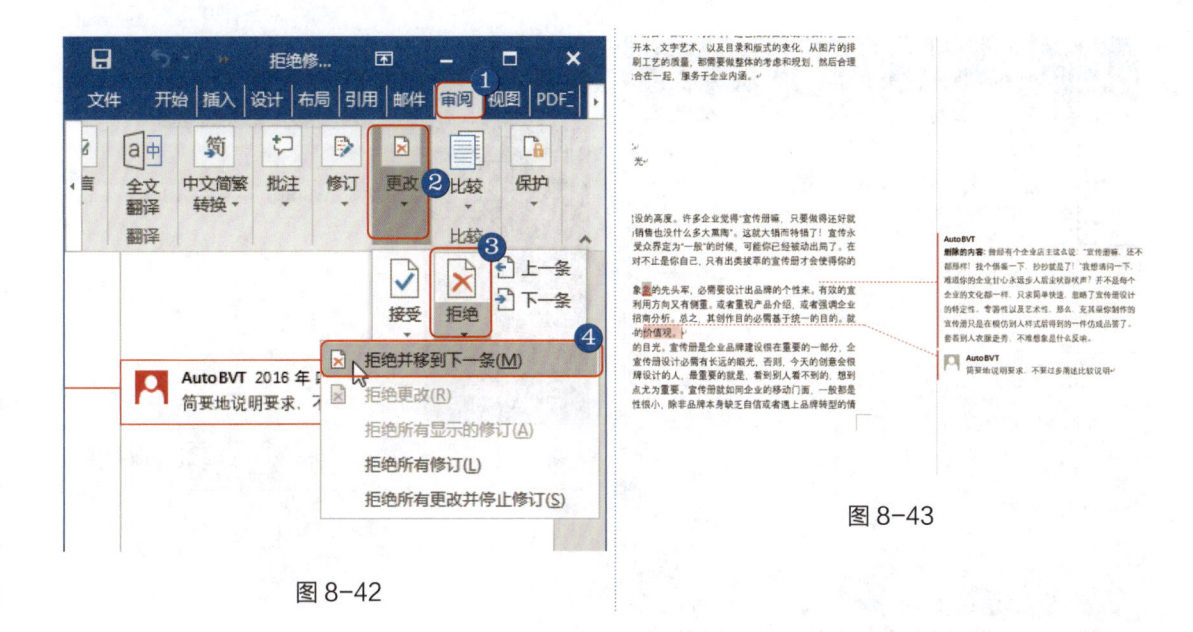

图 8-43

8.4 Word 邮件合并

在日常生活中，我们经常会遇到这种情况：处理的文件的主要内容基本是相同的，只是具体数据有所变化而已。在填写大部分格式相同、只需修改少数相关内容，且其他内容不变的文档时，我们可以灵活运用 Word 邮件合并功能。它不仅操作简单，而且还可以设置各种格式、打印效果又好的文档，以满足客户的不同需求。

8.4.1 利用向导创建中文信封

本节将制作利用向导创建中文信封的案例。本案例需要执行【邮件】→【创建】→【中文信封】命令，可以应用在需要创建中文信封的工作场景。

<< 扫码获取配套视频课程，本节视频课程播放时长约为 57 秒。

▼ 操作步骤

第 1 步　新建空白文档，❶单击【邮件】菜单，❷单击【创建】下拉按钮，❸单击【中文信封】按钮，如图 8-44 所示。

第 2 步　打开【信封制作向导】对话框，单击【下一步】按钮，如图 8-45 所示。

繁琐工作快上手
短视频学 Word 极简办公

图 8-44

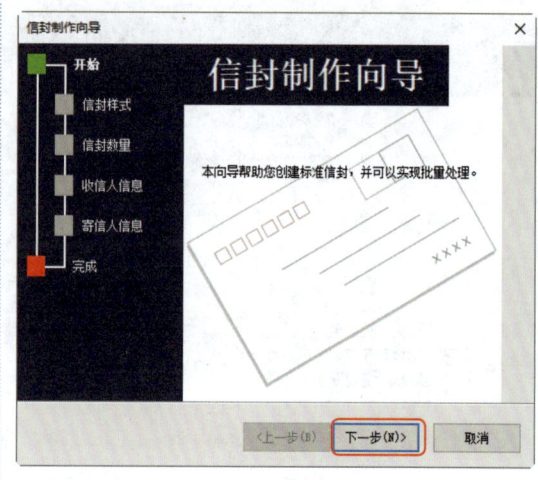

图 8-45

第 3 步 进入【选择信封样式】界面，❶在【信封样式】下拉列表中选择需要的信封及样式，❷勾选所有复选框，❸单击【下一步】按钮，如图 8-46 所示。

第 4 步 进入【选择生成信封的方式和数量】界面，❶选中【键入收信人信息，生成单个信封】单选按钮，❷单击【下一步】按钮，如图 8-47 所示。

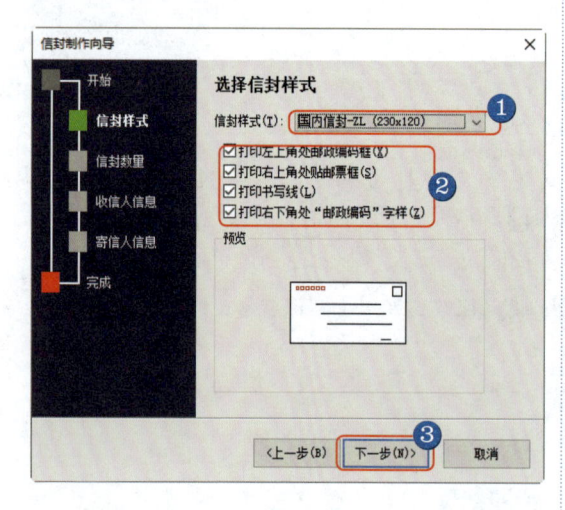

图 8-46

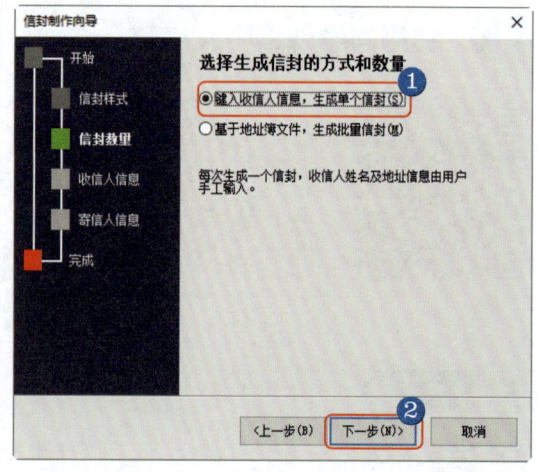

图 8-47

170

第 5 步　进入【输入收信人信息】界面，❶在对应文本框中输入姓名、称谓、单位、地址及邮编，❷单击【下一步】按钮，如图 8-48 所示。

第 6 步　进入【输入寄信人信息】界面，❶在对应文本框中输入姓名、单位、地址及邮编，❷单击【下一步】按钮，如图 8-49 所示。

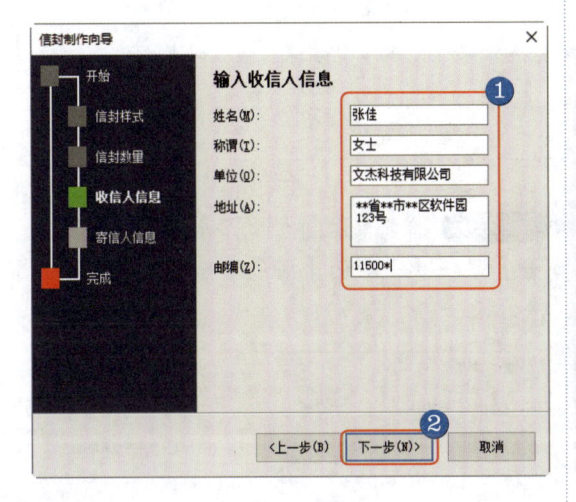

图 8-48

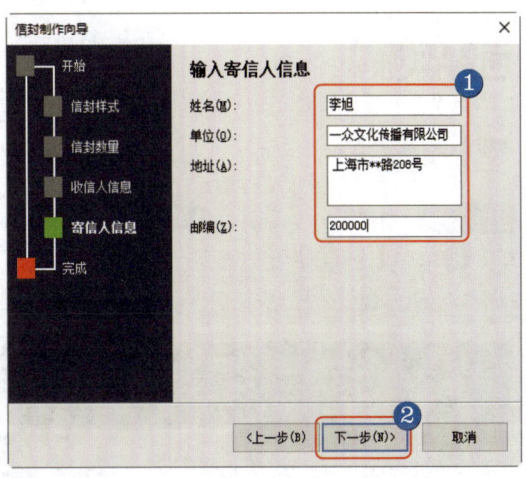

图 8-49

第 7 步　在对话框中单击【完成】按钮，如图 8-50 所示。

第 8 步　Word 将自动新建一个文档，其页面大小为信封大小，其中的内容已经自动按照用户所输入的信息填写好了，效果如图 8-51 所示。

图 8-50

图 8-51

8.4.2 快速制作标签

本节将完成制作标签的案例。本案例需要执行【邮件】→【创建】→【标签】命令，可以应用在需要快速制作标签的工作场景。

<< 扫码获取配套视频课程，本节视频课程播放时长约为 47 秒。

操作步骤

第1步 新建空白文档，❶单击【邮件】菜单，❷单击【创建】下拉按钮，❸单击【标签】按钮，如图 8-52 所示。

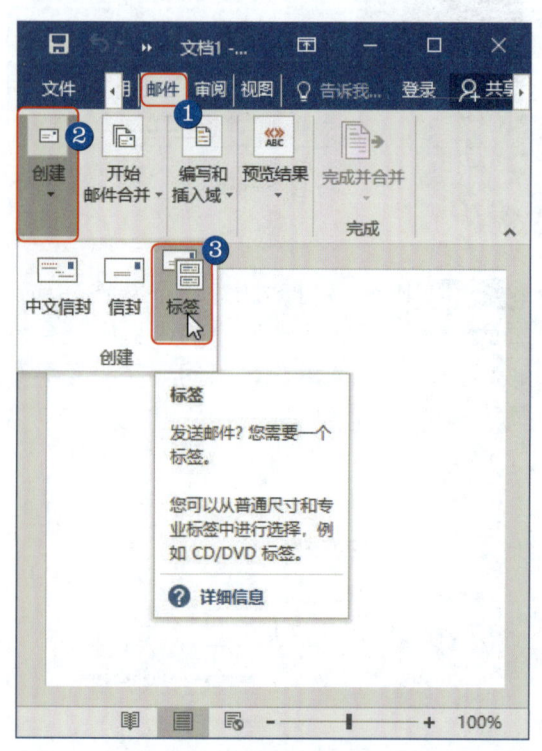

图 8-52

第2步 弹出【信封和标签】对话框，在【标签】选项卡中单击【选项】按钮，如图 8-53 所示。

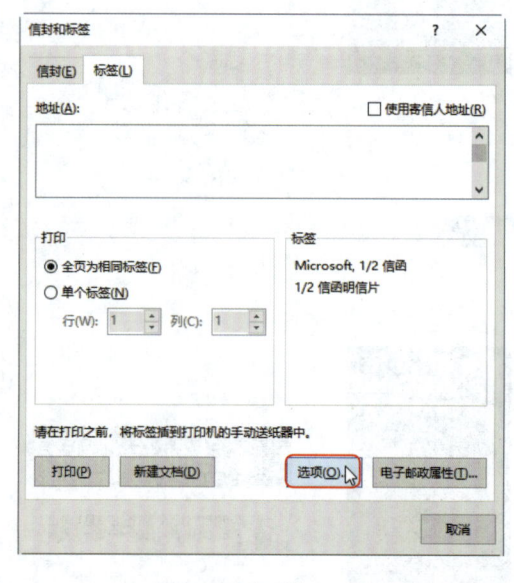

图 8-53

第3步 弹出【标签选项】对话框，❶在【产品编号】列表框中选择标签，❷单击【确定】按钮，如图 8-54 所示。

第4步 返回【信封和标签】对话框，选择【标签】选项卡，❶在【地址】文本框中输入内容，❷单击【新建文档】按钮，如图 8-55 所示。

运用 Word 协同办公

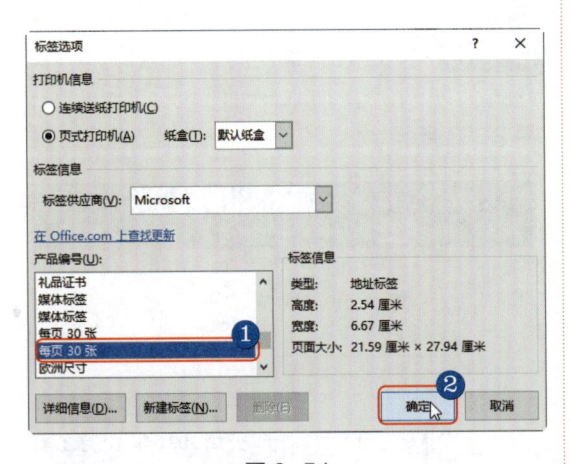

图 8-54

图 8-55

第 5 步 Word 生成自定义的标签，如图 8-56 所示。

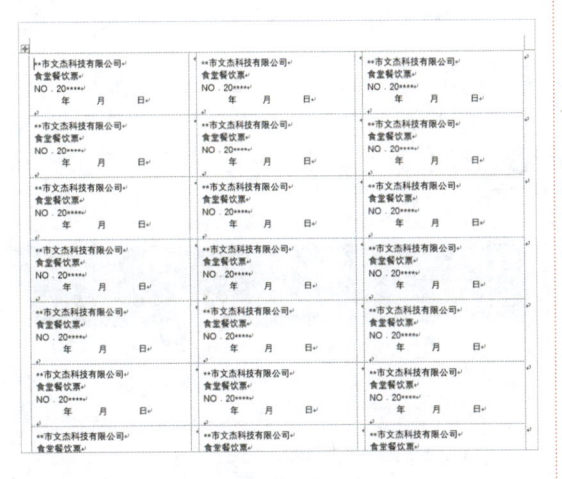

图 8-56

8.4.3 使用邮件合并制作工资条

本节将制作使用邮件合并功能制作工资条的案例。本案例需要执行【邮件】→【创建】→【标签】命令，可以应用在需要制作工资条的工作场景。

<< 扫码获取配套视频课程，本节视频课程播放时长约为 2 分 32 秒。

173

第1步 新建空白文档，输入标题行，设置"华文宋体""四号""加粗"并居中对齐，如图8-57所示。

图8-57

第3步 在表格中输入标题行，执行【布局】→【页面设置】→【纸张方向】→【横向】命令，效果如图8-59所示。

图8-59

第2步 按Enter键换行，设置段落对齐方式为左对齐，插入一个9×2的表格，如图8-58所示。

图8-58

第4步 ❶单击【邮件】菜单，❷在【开始邮件合并】组中单击【选择收件人】下拉按钮，❸选择【使用现有列表】选项，如图8-60所示。

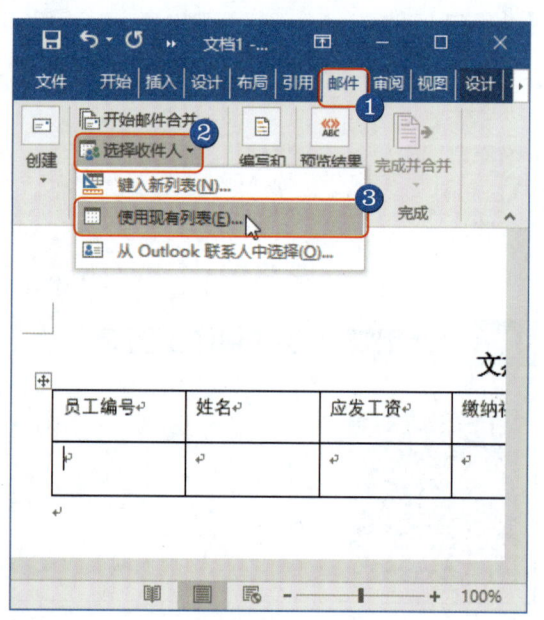

图8-60

第5步 弹出【选取源数据】对话框，❶选择文件，❷单击【打开】按钮，如图8-61所示。

图 8-61

第7步 将光标定位在第2行第1个单元格中，❶单击【邮件】菜单，❷单击【编写和插入域】下拉按钮，❸单击【插入合并域】按钮，❹选择【员工编号】选项，如图8-63所示。

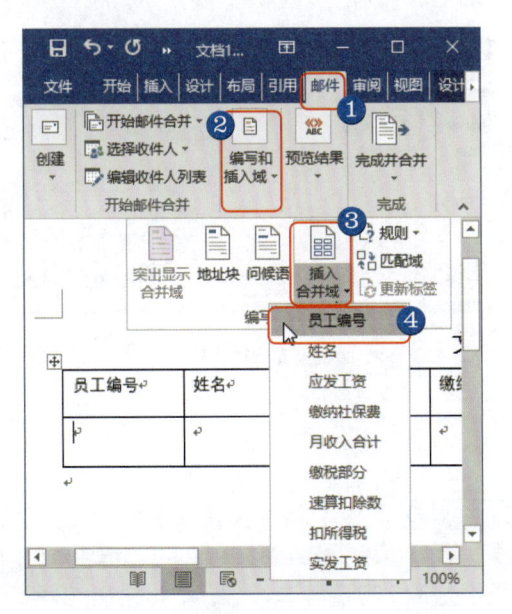

图 8-63

第6步 弹出【选择表格】对话框，❶选择【Sheet1$】，❷单击【确定】按钮，如图 8-62 所示。

图 8-62

第8步 此时在光标位置插入合并域"员工编号"，使用相同方法插入合并域"应发工资""缴纳社保费""月收入合计""缴税部分""速算扣除数""扣所得税""实发工资"等，如图8-64所示。

图 8-64

第9步 ❶在【邮件】菜单下的【完成】组中单击【完成并合并】下拉按钮，❷选择【编辑单个文档】选项，如图8-65所示。

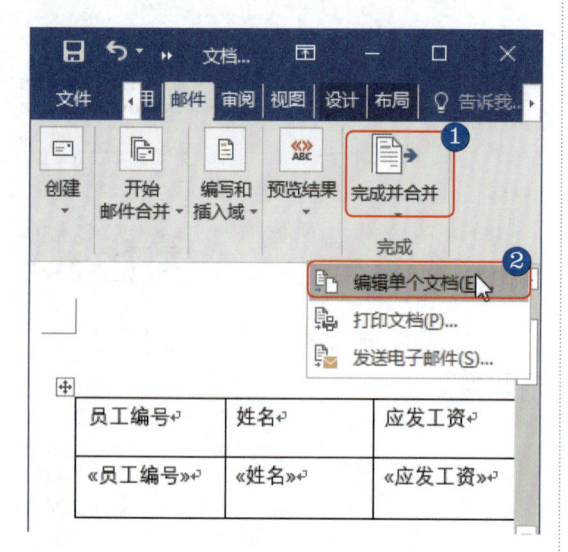

图8-65

第11步 此时生成一个名为"信函1"的文档，并分页显示出每名员工的工资条，如图8-67所示。

图8-67

第13步 弹出提示对话框，单击【确定】按钮，如图8-69所示。

第10步 弹出【合并到新文档】对话框，❶选中【全部】单选按钮，❷单击【确定】按钮，如图8-66所示。

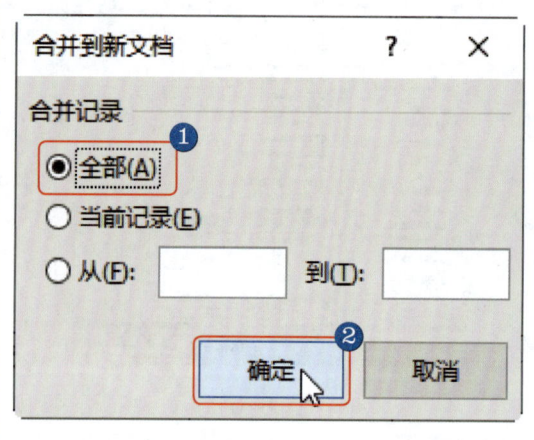

图8-66

第12步 按Ctrl+H组合键，打开【查找和替换】对话框，选择【替换】选项卡，❶在【查找内容】文本框中输入"^b"，❷单击【全部替换】按钮，如图8-68所示。

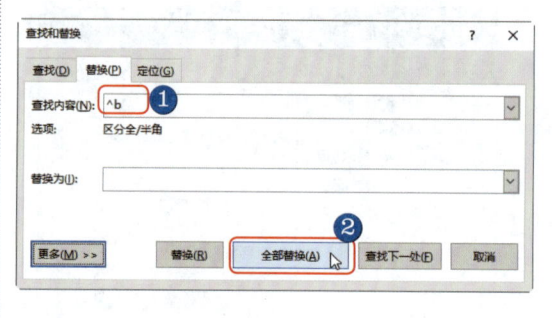

图8-68

第14步 返回【查找和替换】对话框，单击【关闭】按钮返回到文档，可以看到分节符已经删除，工资条连续显示，如图8-70所示。

运用 Word 协同办公

图 8-69

图 8-70

8.4.4 键入新列表

本节将制作键入新列表的案例。本案例需要执行【邮件】→【创建】→【中文信封】命令，可以应用在需要键入新列表的工作场景。

<< 扫码获取配套视频课程，本节视频课程播放时长约为 1 分 02 秒。

▼ 操作步骤

第1步 打开名为"键入新列表"的文档，❶单击【邮件】菜单，❷单击【开始邮件合并】下拉按钮，❸单击【选择收件人】下拉按钮，❹选择【键入新列表】选项，如图 8-71 所示。

第2步 弹出【新建地址列表】对话框，❶根据实际需要分别输入第一条记录的相关数据，❷单击【新建条目】按钮，如图 8-72 所示。

图 8-71

图 8-72

177

第3步 继续添加其他数据记录，单击【确定】按钮，如图8-73所示。

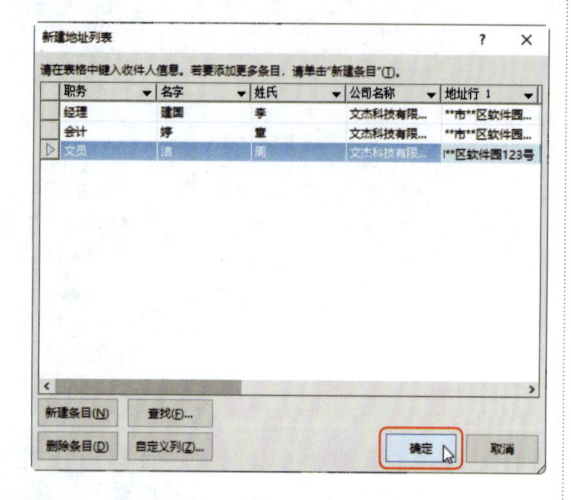

图8-73

第4步 弹出【保存通讯录】对话框，❶在【文件名】文本框中输入名称，❷单击【保存】按钮，如图8-74所示。

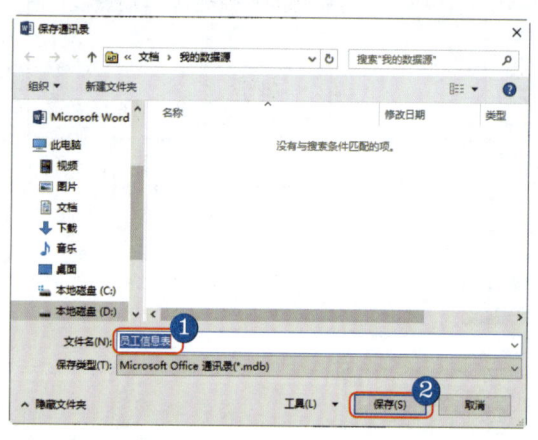

图8-74

第5步 返回到Word文档，❶单击【邮件】菜单，❷单击【开始邮件合并】下拉按钮，❸单击【选择收件人】下拉按钮，❹选择【使用现有列表】选项，如图8-75所示。

第6步 弹出【选取数据源】对话框，❶选择刚刚保存的文件，❷单击【打开】按钮即可完成新列表的创建和导入，如图8-76所示。

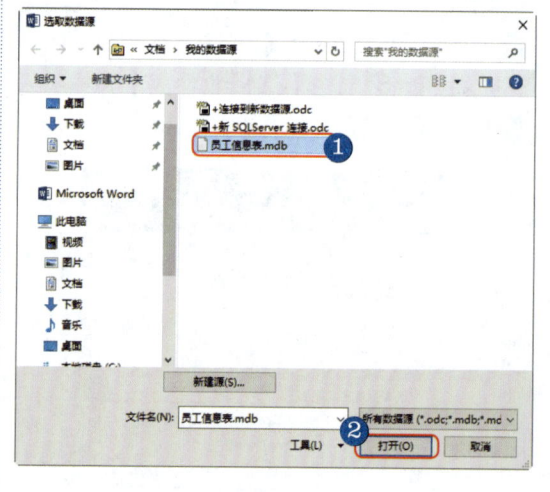

图8-76

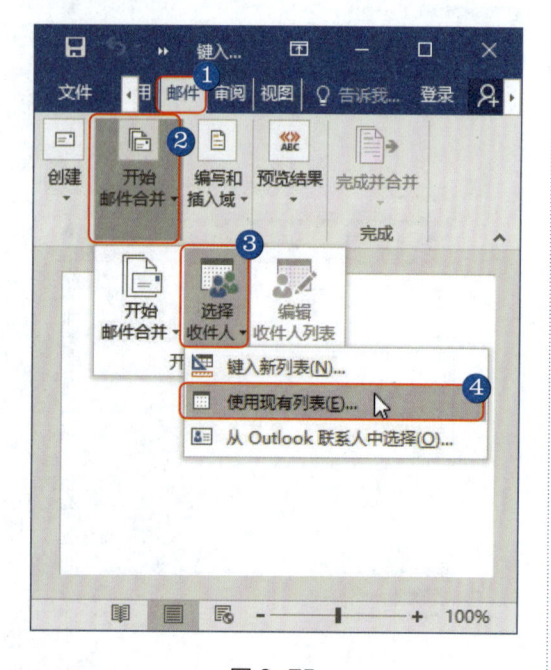

图8-75